Traktionskonzept für ein Lastenfahrrad

Erik Bombach

Traktionskonzept für ein Lastenfahrrad

Untersuchung von Fahrverhalten und Antriebsstrang

 Springer Vieweg

Erik Bombach
Freiberg, Deutschland

OnlinePlus Material zu diesem Buch finden Sie auf
http://www.springer.com/978-3-658-16408-9

ISBN 978-3-658-16407-2   ISBN 978-3-658-16408-9   (eBook)
DOI 10.1007/978-3-658-16408-9

Die Deutsche Nationalbibliothek verzeichnet diese Publikation in der Deutschen National-
bibliografie; detaillierte bibliografische Daten sind im Internet über http://dnb.d-nb.de abrufbar.

Springer Vieweg

Gedruckt auf säurefreiem und chlorfrei gebleichtem Papier

Springer Vieweg ist Teil von Springer Nature
Die eingetragene Gesellschaft ist Springer Fachmedien Wiesbaden GmbH
Die Anschrift der Gesellschaft ist: Abraham-Lincoln-Str. 46, 65189 Wiesbaden, Germany

Inhaltsverzeichnis

Anhang

Die Simulationsprotokolle sind auf der Internetpräsenz des Springer Verlages als OnlinePLUS Download frei verfügbar.

Abbildungsverzeichnis

Insofern nicht anders angegeben, sind alle Abbildungen eigene Darstellungen.

Tabellenverzeichnis

Insofern nicht anders angegeben, sind alle Tabellen eigene Arbeiten.

Symbolverzeichnis

α	Anstieg der Fahrbahn in rad
β	Steuerkopfwinkel der Gabel in rad
Δx_p	Relevante Wegstrecke für vorausschauende Motorregelung in m
δ	Fahrwinkel in rad
η	Wirkungsgrad
$\hat{I}$	Maximaler Motorstrom in A
κ	Kippwinkel des Zweirades in rad
ω	Winkelgeschwindigkeit der Kreisfahrt des Fahrrades in rad
ω_m	Motordrehzahl in s^{-1}
ρ	Dichte der Luft in kg/m^3
τ_G	Thermische Zeitkonstante des Gehäuses in s
τ_W	Thermische Zeitkonstante der Motorwicklung in s
θ_e	Elektrischer Motorwinkel in rad
φ	Lenkwinkel des Zweirades in rad
A_{Fzg}	Frontalfläche des Fahrzeugs + Fahrer in m^2
B	Kröpfung der Vorderradgabel in m
c_G	Wärmekapazität des Gehäuses in W s K^{-1}
c_r	Rollreibungsbeiwert
c_W	Wärmekapazität der Wicklung in W s K^{-1}
$c_{w,Fzg}$	Luftwiderstandsbeiwert
e_a	In Motorphase a induzierte Spannung in V
e_b	In Motorphase b induzierte Spannung in V

e_c In Motorphase c induzierte Spannung in V

f Abschwächung des Motorstromes aufgrund der Induktivitäten

F_G Gewichtskraft in N

F_{Hang} Hangabtriebskraft in N

$F_{Kontakt}$ Kontaktkraft der Rad-Fahrbahn Verbindung in N

F_{Laengs} Längskraft in N

F_{Luft} Widerstandskraft der Luftströmung in N

F_{Normal} Normalkraft in N

F_{Traeg} Trägheitskraft in N

$F_{Zentrifugal}$ Zentrifugalkraft in N

$F_{Zentripetal}$ Zentripetalkraft in N

g Normalfallbeschleunigung $9.81\,\text{m/s}^2$

h_A Höhenkoordinate des Lenklagers in m

h_L Lenkachsen-paralleler Abstand Lenkerlager zu Vorderradmittelpunkt in m

h_R Höhenkoordinate des Rahmenschwerpunktes in m

$h_s(x)$ Höhe über Meeresspiegel des Streckenpunktes x in m

$h_{L,o}$ Lenkachsen-paralleler Abstand Lenkerlager zu Lenkerschwerpunkt in m

$h_{L,u}$ Abstand Lenkachse zu Lenkerschwerpunkt in m

$I^{(S)}$ Trägheitstensor bezogen auf Schwerpunkt

i_a Strom durch Motorphase a in A

i_b Strom durch Motorphase b in A

i_c Strom durch Motorphase c in A

I_{ers} Ersatzmotorstrom in A

$I_{yy,M}$ Trägheitsmoment des Motorläufers in kgm^2

$I_{yy,v}$ Trägheitsmoment des (Vorder-) Rades in kgm^2

J Jakobimatrix

J_R Jacobimatrizen der Rotation

J_T Jacobimatrizen der Translation

k_e Drehzahlkonstante in V s

k_f Widerstandskonstante des Motors in Nms

k_t Drehmomentkonstante in Nm/A

L Radstand in m

l_A Längskoordinate Lenklager in m

L_M Induktivität Motorphase in H

l_R Längskoordinate Rahmenschwerpunkt in m

m_H Masse des Hinterrades in kg

m_L Masse der Lenkerbaugruppe in kg

m_R Masse des Rahmens inkl. Fahrer und Zuladung in kg

m_V Masse des Vorderrades in kg

M_{el} In Motor erzeugtes elektrisches Moment in Nm

M_{hinten} Antriebs- und Bremsmoment am Hinterrad in Nm

M_{ij} Massenmatrix

M_{Reib} Reibmoment des Motors in Nm

$M_{Tretlager}$ Antriebsmoment in der Tretlagerwelle in Nm

M_{vorn} Antriebs- und Bremsmoment am Vorderrad in Nm

N Nachlauf des Vorderrades in m

p Polzahl des Motors

P_V Verlustleistung des Motors in W

$P_{Bat,+}$ Von Batterie abgegebene Leistung in W

$P_{Bat,-,max}$ Maximale Batterieladeleistung in W

$P_{Bat,-}$ Von Batterie aufgenommene Leistung in W

$P_{SC,+}$ Von Superkondensator abgegebene Leistung in W

$P_{SC,-}$ Von Superkondensator aufgenommene Leistung in W

$P_{zk,max}$ Maximal vom Motor aufgenommene elektrische Leistung in W

$P_{zk,min}$ Maximal vom Motor abgegebene elektrische Leistung in W

P_{zk} Im Zwischenkreis übertragene Leistung in W

Q Generalisierte Kraft

q Generalisierte Koordinaten

Q_{Bat} Ladung der Batterie in As

$Q_{max,Bat}$ Maximale Ladung der Batterie

$Q_{max,SC}$ Maximale Ladung des Superkondensators

$Q_{rel,Bat}$ Ladezustand der Batterie

$Q_{rel,SC}$ Ladezustand des Superkondensators

Q_{SC} Ladung des Superkondensators in As

r_H Radius des Hinterrades in m

R_M Ohmscher Widerstand einer Motorphase in Ω

r_V Radius des Vorderrades in m

R_{GU} Wärmewiderstand Gehäuse Umgebung in $K\,W^{-1}$

$r_{M,H}$ Kurvenradius des Hinterrades in m

$r_{M,S}$ Kurvenradius des Rahmenschwerpunktes in m

$r_{M,V}$ Kurvenradius des Vorderrades in m

R_{WG} Wärmewiderstand Wicklung Gehäuse in $K\,W^{-1}$

s_L Abstand des Lenkerschwerpunktes von Lenkachse in m

T Dauer einer Schaltstufe im Motor in s

t Zeit in s

T_G Gehäusetemperatur in °C

T_U Umgebungstemperatur in °C

T_W Wicklungstemperatur in °C

U_0 Ideale Spannung der Batterie in V

U_{Motor} Motorphasenspannung in V

U_{zk} Zwischenkreisspannung in V

x Gefahrene Strecke in m

z Getriebeübersetzung

Kapitel 1
Einleitung

„Ich ersetze ein Auto". Bei diesem an städtische Kuriere gerichteten Projekt des DLR (*Institut für Verkehrsforschung* am *Deutschen Zentrum für Luft- und Raumfahrt*) ist der Name Programm. Seit 2012 werden bundesweit im urbanen Bereich Lastenfahrräder mit elektromotorischer Unterstützung erprobt. Es wird davon ausgegangen, dass mit ihnen bis zu 85 % der Autokurierfahrten ersetzt werden können [1]. Der ökologische Effekt ist offensichtlich, zusätzlich bietet das Lastenpedelec auch ökonomische Vorteile für den Nutzer: Staus können umfahren werden, die Parkplatzsuche entfällt und die jährlichen Betriebskosten des Transportmittels reduzieren sich um bis zu 75 % [17]. Auch für innerbetriebliche Zwecke wie Lagerarbeiten oder für den privaten Einsatz sind Lastenpedelecs gut geeignet.

Lastenpedelecs sind eine besondere Bauform des Pedelecs, umgangssprachlich auch E-Bike oder Elektrofahrrad genannt, welches das bewährte Fahrrad mit einer elektromotorischen Unterstützung kombiniert. Rechtlich gelten sie als Fahrrad, wenn einige Auflagen erfüllt werden. So darf die Dauernennleistung des Antriebes 250 W nicht übersteigen, zur Freigabe der Motoren müssen die Pedale bewegt werden und die Geschwindigkeit muss unter 25 km/h liegen (aktuelle rechtliche Situation in Deutschland [18]). Werden diese Kriterien eingehalten, genießen Pedelecs alle Vorteile des Fahrrades: keine Versicherungspflicht, keine Steuern, keine Helmpflicht usw.

Auf dem Markt sind verschiedene Antriebskonzepte erhältlich, welche sich hauptsächlich in der Motorposition unterscheiden. Der kanadische Hersteller *BionX* ist ein Beispiel für die Verfechter des Radnabenmotors. Die Pedelecsparte von *Bosch* vertreibt sehr erfolgreich ausschließlich Tretlagermotoren. Häufig entfachen daher Diskussionen, welcher Antrieb denn nun „besser" sei. In dieser Arbeit werden anhand einer Modellierung des Gesamtsystems Lastenpedelec die verschiedenen Antriebskonzepte untersucht und miteinander verglichen. Gegenstand der Bewertung ist primär die Position des Motors. Bisher nicht praktisch umgesetzt wurde der Mehrmotorantrieb, dessen Potential in dieser Arbeit abgeschätzt wird. Für diesen werden mehrere Betriebsstrategien vorgestellt, die bestimmen, wann welcher Motor wie viel Leistung erbringen muss. Dazu gehört auch eine einfache Anwendung der prädiktiven Motorregelung. Ein weiterer Untersuchungsgegenstand ist die Energierückgewinnung beim Bremsen (Rekuperation) sowie der Energiespeicher in Form eines Dualspeichers aus Akkumulator und Superkondensator. Neben der energetischen Betrachtung ist beim Fahrrad die Fahrstabilität, insbesondere die Selbststabilisierung, ein zentrales Element. Daher wird der Einfluss eines Vorderradmotors auf diese analysiert.

Hierfür wird ein mathematisches Modell in Matlab Simulink entworfen. Es beinhaltet neben einem kinetischen Vier-Körper-Modell des Zweirades (Kapitel 2 und 3) den elektrischen Antriebsstrang eines Pedelecs (Kapitel 4). Dieser besteht aus einem bürstenlosen Gleichstrommotor inklusive Inverter, Regelung und Wärmemodell, Gangschaltung, Dualspeicher, Controller und Bremssystem. Alle Elemente des Modells werden bezüglich ihrer Plausibilität kontrolliert. Eine praktische Validierung wird nicht durchgeführt. Es werden ideale Lastfälle (z.B. Ampelstopp) und reale Lastfälle (z.B. Anstieg auf den Brocken) numerisch simuliert (Kapitel 5). Mit den daraus gewonnenen Werten wie Geschwindigkeitsverlauf oder Energieverbrauch können Aussagen über die Eignung der vorgestellten Konzepte getroffen werden (Kapitel 6).

Em Ende der Arbeit stehen klare Empfehlungen zur optimalen Motorposition, dem Nutzen von Rekuperation und Dualspeichern bei Pedelecs sowie zur geeignetsten Betriebsstrategie.

An mehreren Stellen dieser Arbeit wird auf eine beiliegende CD verwiesen, welche in dieser Distribution nicht zur Verfügung steht. Bei Interesse können Sie mich direkt via E-Mail (Lastenpedelec@arcor.de) kontaktieren und ich stelle Ihnen aktuelle Daten gern zur Verfügung.

Kapitel 2
Mathematische Beschreibung des Zweirades

2.1 Stand der Technik und Vorgehensweise

Das kinematische und kinetische Verhalten des Systems Zweirad, sei es in Form des Fahrrades als auch als Motorrad, wird bereits seit über einem Jahrhundert untersucht. Ein 2007 veröffentlichter Artikel einer Gruppe bekannter Forscher der Zweiraddynamik [19] bietet einen sehr guten Überblick über wissenschaftliche Arbeiten und Artikel, welche bis zu diesem Zeitpunkt erschienen sind, und dient als Grundlage der folgenden Chronik. So wurde die erste international anerkannte mathematische Analyse des Zweirades 1899 von Whipple [20] veröffentlicht. Das dort verwendete 4-Körper-Modell, inzwischen häufig als Whipple-Modell bezeichnet, dient bis heute als Grundlage analytischer Betrachtungen und wird auch in dieser Arbeit genutzt. In etwa zeitgleich, aber unabhängig von Whipple, veröffentlichte Carvallo eine ähnliche Arbeit [21], in welcher allerdings Masse und Trägheitsmomente der Lenkerbaugruppe vernachlässigt wurden. Dennoch orientiert man sich bis heute an den von ihm gegebenen Hinweisen bzgl. der Vorderradaufhängung, wonach die Lenkachse unterhalb der Frontachse zwischen Radaufhängung und Bodenkontaktpunkt verlaufen soll. Dies wird mittels einer um die Kröpfung nach vorn gebogenen Vorderradgabel realisiert (siehe Abschnitt 2.4 und Abbildung 2.4 links). In den darauf folgenden Jahrzehnten wurden die Arbeiten beider Autoren häufig überprüft, variiert oder ab den 70er Jahren auch numerisch simuliert, ohne das dabei nennenswerte neue Erkenntnisse erlangt wurden. Zudem gab es fehlerhafte Schlussfolgerungen, wie die 1910 von Noether getroffene Aussage, ein Fahrrad kann ohne Kreiseleffekte nie selbststabil sein [22]. Diese Aussage wurde 1970 von Johnes [23] angezweifelt, welcher im praktischen Versuch die gyroskopischen Momente mittels eines gegendrehenden Rades eliminierte und trotzdem freihändig fahren konnte, wenn auch nur mit Mühe. Johnes experimentierte zudem mit dem Nachlauf am Vorderrad und stellte fest, dass ein Fahrrad mit Vorlauf unfahrbar ist. Dennoch gelang es 2011 einer holländischen Forschergruppe [5] ein Einspurfahrzeug zu modellieren und zu konstruieren, welches weder gyroskopische Momente noch Nachlauf zur Selbststabilisierung verwendet, sondern aufgrund einer ausgeklügelten Massenverteilung stabil bleibt. So entstand über die Jahre ein verworrenes Bild über die Physik des Fahrradfahrens, welches von Widersprüchen und Halbwahrheiten geprägt war und bis heute nur in gewissen Grenzen die Realität beschreibt. Um die Übernahme von Fehlern zu vermeiden wird in dieser Arbeit ein von Grund auf eigenes Modell aufgebaut. Zudem werden im Gegensatz zu den meisten bisherigen Untersuchungen die sich ergebenden Gleichungen nicht linearisiert, wodurch beispielsweise der meist als konstant angenommene Nachlauf am Vorderrad eine Funktion von Lenk- und Kippwinkel wird.

In den folgenden zwei Kapiteln werden die kinetischen Zusammenhänge des Fahrrades hergeleitet. Ziel ist eine möglichst komplette, aber dennoch handhabbare, konsistente Beschreibung. Dazu sind einige Vereinfachungen zu akzeptieren, deren Gültigkeit und Folgen an der jeweiligen Stelle genauer diskutiert werden. Am Ende dieses Abschnittes kann jedem Punkt am Fahrrad, sei es Schwerpunkt oder jeder willkürliche Effektorpunkt, ein eindeutiger Ortsvektor zugewiesen werden. Dieser ist von den generalisierten Koordinaten, welche die Freiheitsgrade des Systems widerspiegeln, abhängig. Mithilfe dieser Ortsvektoren können ab Abschnitt 2.10 die auf das Fahrrad wirkenden Kräfte und Momente beschrieben werden, welche über die Lagrangeschen Gleichungen in Kapitel 3 in ein nichtlineares Differenzialgleichungssystem überführt werden. Parallel wird eine symbolische Berechnung in Matlab mitgeführt (vgl. Abschnitt 3.2). Das komplette Skript befindet sich in Anhang A. Die einzelnen Bestandteile des Gleichungssystems werden in separate Module (subsystems) untergliedert. Dies hat neben einer besseren Übersicht unter anderem den Vorteil, dass einzelne Elemente der Gleichung, wie Massenmatrix oder Kraftkomponenten, unabhängig voneinander in die Simulation zu- oder weggeschaltet werden können. Folglich erscheint an keiner Stelle das komplett ausformulierte Gleichungssystem, sondern immer nur dessen Ausschnitte.

2.2 Modellbildung

Ein Fahrrad ist ein umfangreiches technisches Gebilde, welches in seiner Komplexität nur schwer beschreibbar ist. Daher sollen vorerst nur die wichtigsten für die Fahrdynamik relevanten Baugruppen beachtet werden. Diese definieren sich durch die Newtonsche Gleichung (Impulssatz) dadurch, dass sie eine Geschwindigkeit ungleich null besitzen und dabei eine nicht zu vernachlässigende Masse in sich vereinen. Zudem werden Elemente, welche eine relevante Führungswirkung ausüben, mit betrachtet. Anhand dieser Überlegung ergibt sich folgende Unterteilung (siehe auch Abb. 2.1), welche sich in den meisten Fahrradbauarten wie auch dem Lastenfahrrad wiederfindet:

- Rahmen, inklusive starr angebundenem Fahrer und Lasten
- Lenkerbaugruppe und Vorderradgabel
- Vorderrad
- Hinterrad

Die starre Anbindung des Fahrers ist eine notwendige Vereinfachung und resultiert aus der nur schwer abschätzbaren Gewichtsverlagerung der Fahrers in Abhängigkeit der Fahrsituation. Der Modellansatz wurde bereits von Whipple genutzt [20].

2.3 Koordinatensysteme

Die Koordinatensysteme bilden die Grundlage für eine analytische Betrachtung des Mehrkörpersystems (MKS) und vereinfachen dessen Handhabung erheblich.

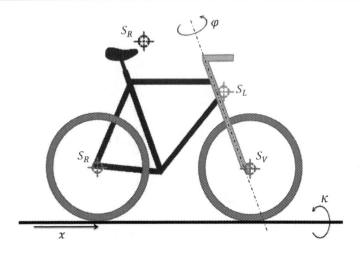

Abb. 2.1 Mehrkörpersystem Fahrrad bestehend aus Rädern (blau), Rahmen (schwarz) und Lenker (orange) mit jeweiligen Schwerpunkten und Freiheitsgraden κ (Kippwinkel, links ist positiv), φ (Lenkwinkel, links ist positiv) und zurückgelegter Fahrstrecke x

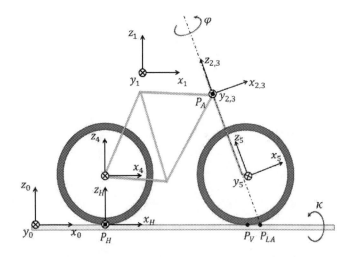

Abb. 2.2 Genutzte Koordinatensysteme

Inertialsystem I_0:

Basis ist das bodenfeste und unbewegte Inertialsystem I_0 (Abb. 2.2), dessen Ursprung im Aufstandspunkt des Hinterrades P_H zum Zeitpunkt $t = 0$ liegt. Die z_0-Achse steht normal zum Untergrund. Die x_0-Achse verläuft in der Rahmenebene und schneidet damit immer den hinteren Aufstandspunkt P_H und den Punkt P_{LA} (Schnittpunkt der Lenkachse mit dem Boden). Nach dieser Definition kann das Fahrrad im Modell nur eine gerade Fahrbahn zurücklegen, da es immer an die x_0-Achse gebunden ist. Dies ist für die Modellierung allerdings völlig ausreichend. Alle auftretenden Kurvenkräfte werden berücksichtigt und der Fahrverlauf lässt sich durch eine Betrachtung des Lenkwinkels über die Zeit berechnen. Durch diese Herangehensweise kann ein Freiheitsgrad (y_0-Position) eliminiert werden, womit ein holonomes System erreicht wird.

Aufstandspunktsystem I_H:

Der Ursprung des KSYS I_H (Index H für Hinterrad) liegt im Kontaktpunkt des Hinterrades zur Fahrbahn. Zum Zeitpunkt $t = 0$ ist das Aufstandspunktsystem identisch mit dem Inertialsystem, zu allen anderen Zeitpunkten um x an der x_0 Achse verschoben. Es wird nicht verdreht, die z_H-Achse liegt also immer normal zum Untergrund.

Rahmensystem I_1:

Im Schwerpunkt des Rahmens (inklusive Fahrer und Lasten) liegt das rahmenfeste KSYS I_1. Die Achsenausrichtung ist für das labile Gleichgewicht des Fahrrades ($\kappa = \varphi = 0$) identisch zu I_H, sonst abhängig vom Kippwinkel κ.

Zwischensystem I_2:

Der Kontaktpunkt zwischen Rahmen und Lenker wird durch den Punkt P_A markiert. Dies kann ein willkürlicher Punkt auf der Lenkachse sein, hier ist er der Schnittpunkt mit dem Oberrohr. In diesem Punkt sitzt das KSYS I_2, welches ebenfalls rahmenfest ist und immer die gleiche y-Achsenausrichtung wie I_1 aufweist. Es ist an y_1 um den Steuerkopfwinkel β gedreht (exakt: um $-(90° - \beta)$), sodass die z_2-Achse in der Lenkachse liegt.

Lenkersystem I_3:

Im selben Punkt P_A liegt das KSYS I_3. Es ist lenkerfest ($z_2 = z_3$) und gegenüber I_2 um den Winkel φ an der z_2-Achse gedreht.

Hinterradsystem I_4:

In der Radnabe des Hinterrades liegt das nicht mitdrehende Hinterradsystem I_4. Wie das Rahmensystem ist seine Lage und Verdrehung vom Kippwinkel κ abhängig.

Vorderradsystem I_5:

Das Vorderradsystem I_5 liegt in der Radnabe des Vorderrades. Es hat die gleiche Achsenausrichtung wie das Lenkersystem I_3.

2.4 Koordinatentransformation

2.4.1 Transformationsmatrizen

Mittels homogener Transformationsmatrizen kann ein Ortsvektor $\mathbf{r}_P$ in ein anderes Koordinatensystem überführt werden. Eine Transformationsmatrix baut sich dabei nach folgendem Schema auf:

$$T_i^0 = \begin{bmatrix} Rotationsmatrix & Translationsvektor \\ 000 & 1 \end{bmatrix} = \begin{bmatrix} {}^{0i}R & {}_{(0)}\mathbf{r}_{0i} \\ 000 & 1 \end{bmatrix} \quad (2.1)$$

Die 3x3 Rotationsmatrix wird aufgestellt, der 3x1 Translationsvektor ist der Orts-vektor zwischen den beiden Koordinatenursprüngen. Die untere Zeile setzt sich zusammen aus 0 0 0 und einem Maßstabsfaktor (in dieser Arbeit immer 1). So er-hält man eine quadratische 4x4 Transformationsmatrix, welche bequem mit einer anderen multipliziert werden kann.

$I_0 \rightarrow I_H$:

Das Aufstandspunktsystem ist gegenüber dem Inertialsystem um den Vektor $_{(0)}\mathbf{r}_{0H} = (x,0,0)^T$ verschoben. Es folgt die Transformationsmatrix

$$T_H^0 = \begin{bmatrix} 1 & 0 & 0 & x \\ 0 & 1 & 0 & 0 \\ 0 & 0 & 1 & 0 \\ 0 & 0 & 0 & 1 \end{bmatrix} \tag{2.2}$$

$I_0 \rightarrow I_1$:

Das rahmenfeste Koordinatensystem I_1 ist gegenüber dem Inertialsystem je nach Fahrsituation um mehrere Winkel verdreht. So erfolgt beim Kippen des Fahrrades eine Drehung des I_1 um den Winkel κ um die x_1-Achse. Zudem nickt der Rah-men aufgrund der Vorderradgeometrie beim Einlenken leicht nach vorn, was sich in einer Rotation um y bemerkbar macht. Dieser Effekt wird durch Kippen im eingelenkten Zustand noch weiter verstärkt. Die Rotation liegt allerdings im Be-reich von weniger als 1° und wird damit hier vernachlässigt. x_1 bleibt damit immer parallel zu x_0. Für die Rotationsmatrix von I_H zu I_1 gilt also

$$^{H1}R_x = \begin{bmatrix} 1 & 0 & 0 \\ 0 & \cos\kappa & \sin\kappa \\ 0 & -\sin\kappa & \cos\kappa \end{bmatrix} \tag{2.3}$$

Der Schwerpunkt des Rahmens ist für $\varphi = \kappa = 0$ um l_R an der x_H-Achse und h_R an der z_H-Achse gegenüber dem Aufstandspunktsystem verschoben (s. Abb. 2.3). Beim Kippen teilt sich h_R in eine y- und z-Komponente auf. Dabei ist wie bereits

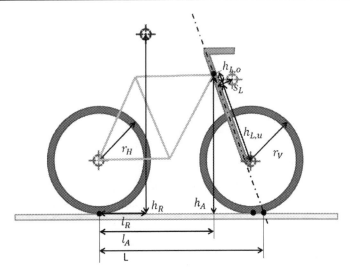

Abb. 2.3 Geometrieparameter

erwähnt h_R eine Funktion des Lenkwinkels φ und des Kippwinkels κ, der Rahmenschwerpunkt senkt sich beim Einlenken in Abhängigkeit vom Kippwinkel ab. Dies hat zur Folge, dass das Gesamtsystem im eingelenkten Zustand eine geringere potentielle Energie aufweist und somit diesen dynamisch instabilen Zustand anstrebt. Für den Ortsvektor zu I_1, angegeben in I_H, gilt damit

$$_{(H)}\mathbf{r}_{H1} = \begin{pmatrix} l_R \\ h_R(\varphi, \kappa) \sin \kappa \\ h_R(\varphi, \kappa) \cos \kappa \end{pmatrix} \tag{2.4}$$

und für die Transformationsmatrix nach Schema (2.1)

$$T_1^H = \begin{bmatrix} 1 & 0 & 0 & l_R \\ 0 & \cos \kappa & \sin \kappa & h_R(\varphi, \kappa) \sin \kappa \\ 0 & -\sin \kappa & \cos \kappa & h_R(\varphi, \kappa) \cos \kappa \\ 0 & 0 & 0 & 1 \end{bmatrix} \tag{2.5}$$

Zum Darstellen der Koordinaten im Inertialsystem werden die Transformationsmatrizen multipliziert.

$$T_1^0 = T_H^0 T_1^H = \begin{bmatrix} 1 & 0 & 0 & l_R + x \\ 0 & \cos\kappa & \sin\kappa & h_R(\varphi,\kappa)\sin\kappa \\ 0 & -\sin\kappa & \cos\kappa & h_R(\varphi,\kappa)\cos\kappa \\ 0 & 0 & 0 & 1 \end{bmatrix} \qquad (2.6)$$

$I_0 \to I_2$:

Das Zwischensystem I_2 ist gegenüber I_1 um den konstanten, bauartbedingten Winkel $\beta - \frac{\pi}{2}$ (β ist Steuerkopfwinkel) verdreht sowie um den Ortsvektor $_{(1)}\mathbf{r}_{12} = (l_A - l_R, 0, h_A - h_R)^T$ verschoben. Der Punkt P_A senkt sich ähnlich wie der Rahmenschwerpunkt, daher ist auch $h_R = f(\varphi,\kappa)$. Die Transformationsmatrix lautet

$$T_2^1 = \begin{bmatrix} \sin\beta & 0 & -\cos\beta & l_A - l_R \\ 0 & 1 & 0 & 0 \\ \cos\beta & 0 & \sin\beta & h_A(\varphi,\kappa) - h_R(\varphi,\kappa) \\ 0 & 0 & 0 & 1 \end{bmatrix} \qquad (2.7)$$

Gibt man die direkte Transformationsmatrix des Inertialsystems zu I_2 an, entfällt h_R.

$$T_2^0 = T_1^0 T_2^1 = \begin{bmatrix} \sin\beta & 0 & -\cos\beta & l_A \\ \cos\beta\sin\kappa & \cos\kappa & \sin\beta\sin\kappa & h_A(\varphi,\kappa)\sin\kappa \\ \cos\kappa\cos\beta & -\sin\kappa & \sin\beta\cos\kappa & h_A(\varphi,\kappa)\cos\kappa \\ 0 & 0 & 0 & 1 \end{bmatrix} \qquad (2.8)$$

$I_0 \to I_3$:

Das KSYS I_3 befindet sich ebenfalls in Punkt P_A, daher ist der Ortsvektor $_{(2)}\mathbf{r}_{23} = (0,0,0)^T$. Es erfolgt nur eine Rotation um z_2 mit dem Lenkwinkel φ. Es ergibt sich die Transformationsmatrix

$$T_3^2 = \begin{bmatrix} \cos\varphi & -\sin\varphi & 0 & 0 \\ \sin\varphi & \cos\varphi & 0 & 0 \\ 0 & 0 & 1 & 0 \\ 0 & 0 & 0 & 1 \end{bmatrix} \qquad T_3^0 = T_2^0 T_3^2 \qquad (2.9)$$

Ab diesem Punkt werden die Gleichungen zu lang, um sie in gedruckter Form darzustellen. Daher sei auf das beiliegende Matlab-Skript verwiesen.

$I_0 \rightarrow I_4$:

Die Transformation zum Hinterradsystem verhält sich ähnlich der zum Rahmensystem. Es erfolgt eine Drehung um κ und eine Verschiebung um den Hinterradradius r_h.

$$T_4^0 = \begin{bmatrix} 1 & 0 & 0 & x \\ 0 & \cos\kappa & \sin\kappa & r_h\sin\kappa \\ 0 & -\sin\kappa & \cos\kappa & r_h\cos\kappa \\ 0 & 0 & 0 & 1 \end{bmatrix} \tag{2.10}$$

$I_0 \rightarrow I_5$:

Das KSYS I_5 hat die gleiche Ausrichtung wie das Lenkersystem, ist allerdings um $-h_l$ an der z_3-Achse und um B an der x_3-Achse verschoben.

$$T_5^3 = \begin{bmatrix} 1 & 0 & 0 & B \\ 0 & 1 & 0 & 0 \\ 0 & 0 & 1 & -h_l \\ 0 & 0 & 0 & 1 \end{bmatrix} \quad T_5^0 = T_3^0 T_5^3 \tag{2.11}$$

2.4.2 Berechnung der Koordinaten des Punktes P_A

Die Koordinate h_A ist eine Funktion des Fahr- und Kippwinkels. Dieser Effekt ist nicht mit der offensichtlichen Verringerung der z_0-Rahmenkoordinaten bei reinem Kippen zu verwechseln, welche mit dem Translationsvektor in T_2^0 ($_{(0)}P_{A,z} = h_A\cos\kappa$) eingebunden ist. Unter $h_A = f(\kappa,\varphi)$ ist vielmehr der Betrag des kürzest möglichen Vektors vom Punkt von P_A zum Boden zu verstehen, welcher in der Rahmenebene liegt. Deutlich wird dies in Abbildung 2.4: Im linken Bild sind Kipp- und Lenkwinkel 0°, der Abstand der Radnabe zum Boden wird durch den Radius r_v definiert. Im rechten Bild ist der Lenker um 90° eingedreht, der Abstand ist zwar auch hier durch r_v definiert, allerdings ist die Radebene nun um den Winkel $90° - \beta$ gedreht, wodurch die Radnabe nur noch die Höhe $r_v \cdot \cos(90° - \beta)$ aufweist. Wird nun zusätzlich der Kippwinkel variiert, wird der Zusammenhang sehr kompliziert.

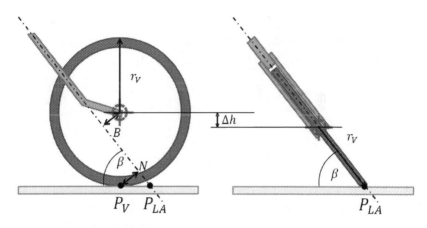

Abb. 2.4 Vorderradgeometrie aus Seitenansicht bei einem Kippwinkel $\kappa = 0°$. Links: Lenkwinkel $\varphi = 0°$. Rechts: $\varphi = 90°$

Ursache hierfür ist die Lenker- und Vorderradgeometrie, welche es zunächst zu untersuchen gilt. Abbildung 2.4 zeigt die für jedes Zweirad übliche Vorderradgeometrie. Ausgangspunkt der Betrachtungen ist die Lenkachse, welche im Punkt P_{LA} die Fahrbahnebene schneidet. Der Punkt P_V markiert den Aufstandspunkt des Vorderrades. Entgegen der weitläufigen Definition, dass der Radstand L der Abstand der beiden Aufstandspunkte (P_H, P_V) ist, soll er in dieser Arbeit den konstanten Abstand zwischen Aufstandspunkt des Hinterrades P_H und Punkt P_{LA} kennzeichnen (Abb. 2.3). Die Kröpfung B der Vorderradgabel ist der Abstand des Radmittelpunktes zur Lenkachse. β ist der bereits erwähnte konstante Steuerkopfwinkel.

Der lotrechte Abstand des Aufstandspunktes P_V zur Lenkachse ist der Nachlauf $N = f(\varphi, \kappa)$. Diese Funktion wurde von Zeller [3] analytisch hergeleitet.

$$N(\varphi, \kappa) = B - r_v \frac{K}{\sqrt{K^2 + \sin^2 \beta}} \tag{2.12}$$

mit

$$K = \cos\varphi\cos\beta - \tan\kappa\sin\varphi \qquad (2.13)$$

Negative Vorzeichen für N bedeuten Nachlauf, der Radaufstandspunkt P_V liegt in hinter der Lenkachse, wie in Abbildung 2.3 und 2.4 dargestellt. Positive N kennzeichnen Vorlauf.

Die Höhe h_A ergibt sich aus der Bedingung, dass das Vorderrad in jeder Lenk- und Kipplage auf der Fahrbahn aufsitzt. Rechnerisch bedeutet dies, dass der Punkt P_V im Inertialsystem die z_0-Koordinate 0 haben muss. Es gilt

$$\begin{pmatrix} P_{Vx} \\ P_{Vy} \\ 0 \\ 1 \end{pmatrix} = T_3^0 \begin{pmatrix} {}^{(3)}\mathbf{r}_{P_V} \\ 1 \end{pmatrix} \qquad (2.14)$$

mit ${}_{(3)}\mathbf{r}_{P_V}$ als Ortsvektor des Aufstandspunktes des Vorderrades im lenkerfesten I_3 Koordinatensystem. Dieser ergibt sich aus der vektoriellen Summe der Gabellänge h_L, dem Nachlauf und einer Strecke l (in Abbildung 2.4 die Strecke auf der Lenkachse zwischen deren Schnittpunkten mit B bzw. N).

$$_{(3)}\mathbf{r}_{P_V} = \begin{pmatrix} 0 \\ 0 \\ -h_L \end{pmatrix} + \begin{pmatrix} N \\ 0 \\ 0 \end{pmatrix} + \begin{pmatrix} 0 \\ 0 \\ -\sqrt{r_v^2 - (B-N)^2} \end{pmatrix} \qquad (2.15)$$

Aus der dritten Zeile des Gleichungssystems (2.14) erhält man für $\kappa = \varphi = 0$ nach einigem Umstellen den auch in Abbildung 2.3 ablesbaren Zusammenhang

$$h_{A,0} = h_L\sin\beta - B\cos\beta + r_v \qquad (2.16)$$

Für den vom Lenk- und Kippwinkel abhängigen Teil ergibt sich

$$\Delta h_A(\kappa,\varphi) = NK - \sin\beta\,\sqrt{r_v^2 - (B-N)^2} - B\cos\beta + r_v \qquad (2.17)$$

Werden fahrradübliche Parameter eingesetzt ($r_v = 0.33\,\mathrm{m}, B = 0.06\,\mathrm{m}, \beta = 75°$) beträgt die Absenkung des Punktes P_A mit Lenk- und Kippwinkeln im Bereich von $\pm 20°$ weniger als 1 cm. Da selbst bei Radrennen kaum solche Kippwinkel erreicht werden, und auch dann die Höhendifferenz minimal bleibt, wird h_a im weiteren Verlauf als konstant angenommen. Es wird die in Gleichung (2.16) aufgestellte Beschreibung des Punktes $h_{A,0}$ genutzt.

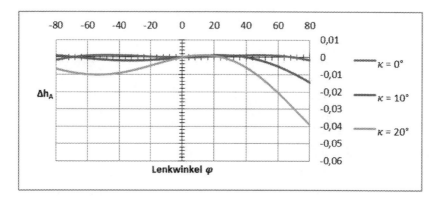

Abb. 2.5 h_A (in m) als Funktion des Lenkwinkels φ mit verschiedenen konstanten Kippwinkeln κ

Dasselbe gilt auch für die Schwerpunkthöhe des Rahmens h_R. Da die bei der Absenkung beider KSYS (I_1 und I_2) beteiligte Drehachse die Hinterradachse ist, stehen die Änderungen der Höhenkoordinaten im festen Zusammenhang

$$\Delta h_R = \Delta h_A \frac{l_R}{l_A} \tag{2.18}$$

Wie h_A ergibt sich auch der Parameter l_A aus anderen Geometrieparametern. Am einfachsten kann man ihn anhand des Radstandes definieren. Aus Abbildung 2.3 lässt sich leicht ablesen

$$\tan \beta = \frac{h_A}{L - l_A} \tag{2.19}$$

Mit Gleichung (2.16) ergibt sich

$$l_A = L - h_L \cos \beta - \frac{r_v - B \cos \beta}{\tan \beta} \tag{2.20}$$

2.5 Ortsvektoren

Mithilfe der Koordinatentransformation können nun die Ortsvektoren im Inertialsystem angegeben werden. Exemplarisch wird der Ortsvektor des Rahmens berechnet, da ein Großteil der übrigen Gleichungen für eine Darstellung an dieser Stelle zu umfangreich ist.

$$_{(0)}\mathbf{r}_R = T_1^0 \,_{(1)}\mathbf{r}_R = T_1^0 \begin{pmatrix} 0 \\ 0 \\ 0 \\ 1 \end{pmatrix} = \begin{pmatrix} \mathrm{l_R} + x \\ \mathrm{h_R} \sin \kappa \\ \mathrm{h_R} \cos \kappa \\ 1 \end{pmatrix} \tag{2.21}$$

Zur Verwendung von Jacobimatrizen müssen zuvor die generalisierten Koordinaten festgelegt werden. Diese spiegeln die Freiheitsgrade des Systems wieder und sind im Modell der Kippwinkel κ (positiv bei kippen nach links), der Lenkwinkel φ (positiv bei lenken nach links) und der zurückgelegte Weg x.

$$\mathbf{q} = \begin{pmatrix} \kappa \\ \varphi \\ x \end{pmatrix} \quad \dot{\mathbf{q}} = \begin{pmatrix} \dot{\kappa} \\ \dot{\varphi} \\ \dot{x} \end{pmatrix} \quad \ddot{\mathbf{q}} = \begin{pmatrix} \ddot{\kappa} \\ \ddot{\varphi} \\ \ddot{x} \end{pmatrix} \tag{2.22}$$

Die Jacobimatrix entsteht durch Ableiten des Ortsvektors nach den generalisierten Koordinaten. In Matlab steht hierfür auch die Funktion *jacobian(r,q)* zur Verfügung. Für den Rahmen wird errechnet

$$J_R = \begin{bmatrix} 0 & 0 & 1 \\ \mathrm{h_R} \cos \kappa & 0 & 0 \\ -\mathrm{h_R} \sin \kappa & 0 & 0 \end{bmatrix} \quad _{(0)}\dot{\mathbf{r}}_R = J_R \, \dot{\mathbf{q}} \tag{2.23}$$

2.6 Rotationsvektoren

Zusätzlich zu den translatorischen Jacobimatrizen müssen die rotatorischen Matrizen bestimmt werden. Diese ergeben sich aus den Rotationsvektoren der einzelnen Körper, abgegeben im Inertialsystem. Als Beispiel wird das Hinterrad hergeleitet. Dieses dreht sich im eigenen Koordinatensystem I_4 um die y_4-Achse, sowie im

Inertialsystem um den Kippwinkel κ.

$$_{(0)}\mathbf{r}_{rot,R} = {}^{04}R \begin{pmatrix} 0 \\ \frac{\dot{x}}{r_H} \\ 0 \end{pmatrix} + \begin{pmatrix} -\dot{\kappa} \\ 0 \\ 0 \end{pmatrix} = \begin{pmatrix} -\dot{\kappa} \\ \frac{\dot{x}}{r_H}\cos\kappa \\ -\frac{\dot{x}}{r_H}\sin\kappa \end{pmatrix} \tag{2.24}$$

$$J_{rot,R} = \begin{bmatrix} -1 & 0 & 0 \\ 0 & 0 & \frac{\cos\kappa}{r_H} \\ 0 & 0 & -\frac{\sin\kappa}{r_H} \end{bmatrix} \tag{2.25}$$

Alle weiteren Jacobimatrizen können dem beiliegendem Matlab-Skript entnommen werden.

2.7 Kreisfahrt

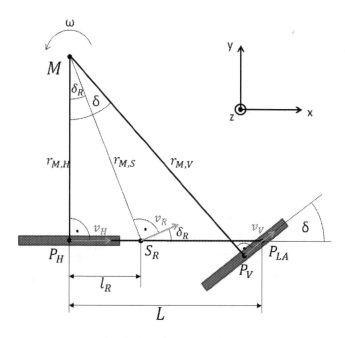

Abb. 2.6 Fahrrad mit eingeschlagenem Lenker in Draufsicht

Zur späteren Bestimmung der Zentripetalkraft ist die Untersuchung der bei der Kreisfahrt auftretenden geometrischen Abhängigkeiten erforderlich. Abbildung 2.6 veranschaulicht die Position wichtiger Punkte beim Lenken. Das Aufstandspunktsystem befindet sich gemäß Abbildung 2.2 im Aufstandspunkt P_H des Hinterrades. Der Lenkachsenschnittpunkt mit dem Boden (P_{LA}) liegt bei den Koordinaten $_{(H)}r_{pPV} = (L, 0, 0)^T$. Der Aufstandspunkt des Vorderrades lässt sich in Abhängigkeit von Lenk- und Kippwinkel aus Gleichung (2.14) errechnen. Die Verbindungslinie $\overline{P_V P_{LA}}$ (=auf Fahrbahn projizierter Nachlauf) gibt bei schlupffreier Bewegung die Fahrrichtung des Vorderrades an, welche durch den Fahrwinkel δ beschrieben wird. Dessen Berechnung kann über den Zusammenhang

$$\tan \delta = \frac{_{(0)}P_{V_y}}{_{(0)}P_{V_x}} \tag{2.26}$$

erfolgen und führt letztendlich auf die auch von Zeller [3] gefundene Gleichung

$$\delta = \arctan \left(\frac{\tan \varphi \sin \beta}{\cos \kappa - \cos \beta \sin \kappa \tan \varphi} \right) \tag{2.27}$$

Der projizierte Nachlauf ist im Vergleich zu den anderen Strecken der Skizze vernachlässigbar klein, so dass zur weiteren Betrachtung der Punkt P_V in P_{LA} gelegt werden kann. Aus den sich nun ergebenden Dreiecken lassen sich leicht die geometrischen Zusammenhänge ablesen:

$$r_{M,V} = \frac{L}{\sin \delta} \tag{2.28}$$

$$r_{M,H} = \frac{L}{\tan \delta} \tag{2.29}$$

$$r_{M,S} = \sqrt{\left(\frac{L}{\tan \delta} \right)^2 + l_R^2} \tag{2.30}$$

Da zum Beschreiben einer Rechtskurve negative Radien notwendig sind, kann Gleichung (2.30) nicht verwendet werden. Eine alternative Berechnung findet sich mittels Verwendung des Winkels δ_R.

$$r_{M,S} = \frac{l_R}{\sin \delta_R} \tag{2.31}$$

Mit

$$\frac{\tan \delta_R}{\tan \delta} = \frac{l_R}{L} \tag{2.32}$$

ergibt sich

$$r_{M,S} = \frac{l_R}{\sin(\arctan(l_R/L\tan\delta))} \tag{2.33}$$

Da zu jedem Zeitpunkt die Winkelgeschwindigkeit ω aller Fahrradbauteile konstant ist, kann über die Beziehung $v = \omega r$ die jeweilige körpereigene Bahngeschwindigkeit bestimmt werden. So können die Geschwindigkeiten der beiden Räder in eine holonome Abhängigkeit gebracht werden:

$$v_V = v_H \frac{r_{M,V}}{r_{M,H}} = \frac{v_H}{\cos \delta} \tag{2.34}$$

$$v_S = v_H \frac{r_{M,S}}{r_{M,H}} = v_H \frac{l_R}{L} \frac{\tan \delta}{\sin(\arctan(l_R/L\tan\delta))} \tag{2.35}$$

Laut getroffener Definition ist die Fahrgeschwindigkeit des Fahrrades $\dot{x}$ die Geschwindigkeit des Hinterrades v_H.

2.8 Gelenktes Fahren

Ein Zweirad ist naturgemäß ein instabiles System. Es ist bestrebt, seine innewohnende potentielle Energie zu minimieren. Dies wird durch die Verringerung der Höhenkoordinaten erreicht, das Fahrrad kippt um. Die praktische Erfahrung zeigt, dass es dennoch möglich ist, sich auf einem Zweirad aufrecht fortzubewegen. Grund dafür ist hauptsächlich die Zentrifugalkraft. Sie entsteht durch die Trägheit des Fahrrades beim Durchfahren einer Kurve. Sie wirkt auf jeden Schwerpunkt mit der Masse m aus Richtung Kreismittelpunkt mit dem Betrag

$$F_Z = m\omega^2 r \tag{2.36}$$

Ist ein bewegtes Fahrrad nach links gekippt und durchfährt dabei eine Linkskurve, wirkt die Zentrifugalkraft dem Kippen entgegen. In stabiler Kurvenfahrt gilt

$$\frac{F_Z}{\sin \kappa} = \frac{F_G}{\cos \kappa} \tag{2.37}$$

$$\kappa = \arctan \frac{v_R^2}{g \, r_{M,S}} \tag{2.38}$$

Für jede Fahrgeschwindigkeit v_R kann in Abhängigkeit vom Kurvenradius $r_{M,S}$ ein stabiler Fahrzustand mit dem Kippwinkel κ erreicht werden. So kann ein Fahrradfahrer mit etwas Übung prinzipiell jedes Zweirad steuern: droht es nach links zu kippen, stellt er die korrekte Lenkerstellung nach links ein, vice versa. Hier wird klar, dass es mit einem Zweirad unmöglich ist, eine gerade Strecke zurückzulegen. Dies wird insbesondere beim Betrachten von Fahrradspuren im Winter deutlich.

2.9 Freihändig Fahren

Beim ungesteuerten Fahren ist der zugrunde liegende physikalische Zusammenhang derselbe: zu jedem Kippwinkel gibt es einen korrespondierenden Lenkwinkel, welcher eine stabile Kurvenfahrt ermöglicht. Allerdings ist ein Fahrrad auch ohne Steuerung durch einen Fahrer in der Lage, selbsttätig den korrekten Lenkerwinkel zu regeln. Dieser Vorgang nennt sich Selbststabilisierung. Bestand noch bis vor wenigen Jahren die weitläufige Meinung, dass nur ein Zusammenspiel gyroskopischer Effekte und Nachlauf ein Fahrrad stabilisieren, ist es einer Gruppe von Physikern und Konstrukteuren gelungen, ein stabiles Zweirad unter Ausschluss beider Effekte zu entwickeln [5]. Stabilisierend wirkt hier der weit vorn angeordnete Rahmenschwerpunkt. Es sind also eine Vielzahl Parameter, die das Fahrverhalten beeinflussen. Im weiteren Verlauf soll versucht werden, die wichtigsten angreifenden Kräfte und Momente zu benennen, rechnerisch zu erfassen und im Modell zu integrieren.

2.10 Konservative Kräfte

Man unterteilt in konservative und nichtkonservative Kräfte. Erstere verrichten längs einer geschlossener Bahnkurve keine Arbeit. Hierzu gehören in mechanischen Systemen hauptsächlich potentielle Lagekräfte (Gewichtskraft) und Federkräfte. Da im betrachteten MKS von ideal starrem Materialverhalten ausgegangen wird, treten keine Federkräfte auf. Um auch Anstiege und Gefälle simulieren zu können, wird ein Steigungswinkel α eingeführt, um den die angreifenden Gewichtskräfte rotiert werden. Damit wirkt ein Teil der Gewichtskraft als Hangabtriebskraft. Im folgenden wird ausführlich die Berechnung der Gewichtskraft für den Rahmen gezeigt. Alle anderen Gewichtskräfte werden nach der gleichen Vorgehensweise ermittelt und sind dem Matlab-Skript zu entnehmen. Im ersten Schritt werden die Anteile der Kräfte im mitbewegten Rahmensystem ermittelt. Im aufrechten Zustand wirkt die komplette Gewichtskraft entgegen der z_1-Achse. In diesem Fall existiert für das Fahrrad kein Kippmoment und es steht im labilen Gleichgewicht. Jede seitliche Störung bringt es zum Kippen.

$$_{(1)}\mathbf{F}_{G,Rahmen}(\kappa = \alpha = 0) = \begin{pmatrix} 0 \\ 0 \\ -g\,m_R \end{pmatrix} \tag{2.39}$$

Nun wird der Anstieg α eingearbeitet. Ein positives α soll einen Anstieg beschreiben, die Hangabtriebskraft wirkt also entgegen der x_1-Achse.

$$_{(1)}\mathbf{F}_{G,Rahmen}(\kappa = 0, \alpha) = \begin{bmatrix} \cos\alpha & 0 & \sin\alpha \\ 0 & 1 & 0 \\ -\sin\alpha & 0 & \cos\alpha \end{bmatrix} \begin{pmatrix} 0 \\ 0 \\ -g\,m_R \end{pmatrix} = \begin{pmatrix} -g\,m_R\,\sin\alpha \\ 0 \\ -g\,m_R\,\cos\alpha \end{pmatrix} \tag{2.40}$$

Wird nun der Kippwinkel κ involviert, teilt sich die z_1-Komponente auf.

$$_{(1)}\mathbf{F}_{G,Rahmen}(\kappa, \alpha) = \begin{bmatrix} 1 & 0 & 0 \\ 0 & \cos\kappa & -\sin\kappa \\ 0 & \sin\kappa & \cos\kappa \end{bmatrix} \begin{pmatrix} -g\,m_R\,\sin\alpha \\ 0 \\ -g\,m_R\,\cos\alpha \end{pmatrix} = g\,m_R \begin{pmatrix} -\sin\alpha \\ \cos\alpha\sin\kappa \\ -\cos\alpha\cos\kappa \end{pmatrix} \tag{2.41}$$

Der Kraftvektor muss nun in das Inertialsystem überführt werden. Dafür kann die bereits ermittelte Rotationsmatrix (2.3) genutzt werden.

$$_{(0)}\mathbf{F}_{G,Rahmen}(\kappa, \alpha) = \begin{bmatrix} 1 & 0 & 0 \\ 0 & \cos\kappa & \sin\kappa \\ 0 & -\sin\kappa & \cos\kappa \end{bmatrix} {}_{(1)}\mathbf{F}_{G,Rahmen}(\kappa, \alpha) = g\,m_R \begin{pmatrix} -\sin\alpha \\ 0 \\ -\cos\alpha \end{pmatrix} \tag{2.42}$$

Im Ergebnis erkennt man die klassische Aufteilung einer Gewichtskraft in eine Normalkraft und eine Hangabtriebskraft. Um eine generalisierte Kraft zu erhalten, wird im letzten Schritt die Transponierte der Jacobimatrix des Kraftangriffspunktes (=Schwerpunkt des Rahmens, Gleichung (2.23)) mit dem Kraftvektor (2.42) multipliziert. Dieser Ausdruck kann später direkt in die Bewegungsgleichungen übernommen werden.

$$\mathbf{Q}_{FG,Rahmen} = \begin{bmatrix} 0 & 0 & 1 \\ h_R\cos\kappa & 0 & 0 \\ -h_R\sin\kappa & 0 & 0 \end{bmatrix}^T \begin{pmatrix} -g\,m_R\sin\alpha \\ 0 \\ -g\,m_R\cos\alpha \end{pmatrix} = g\,m_R \begin{pmatrix} h_R\cos\alpha\sin\kappa \\ 0 \\ -\sin\alpha \end{pmatrix}$$

(2.43)

Die einzelnen Vektoren spiegeln dabei Kräfte bzw. Momente wider, welche eine Änderung der jeweiligen generalisierten Koordinate hervorrufen. Festgelegt durch die Reihenfolge der Freiheitsgrade in $\mathbf{q}$ (Gl. 2.22) steht die erste Zeile für den Kippwinkel κ, die zweite für den Lenkwinkel φ und die dritte für die Wegkoordinate x. So bewirkt ein positiver Kippwinkel (positiv = links) in Gleichung (2.43) ein Drehmoment, welches den Kippwinkel weiter erhöht. Ein positiver Steigungswinkel α bewirkt eine Kraft entgegen der Fahrtrichtung und damit eine Verringerung der Fahrgeschwindigkeit.

2.11 Nichtkonservative Kräfte

2.11.1 Zentrifugalkraft

Neben den Gewichtskräften gibt es eine Reihe weiterer Kräfte, die das Fahrverhalten eines Zweirades beeinflussen. Wie bereits erwähnt, ist die wichtigste wohl die Zentrifugalkraft, da sie ein Umkippen verhindert und das Fahren überhaupt erst ermöglicht. Die Berechnungsvorschrift wurde in Gleichung (2.36) bereits eingeführt. ω ist die Kurvenwinkelgeschwindigkeit und ergibt sich aus der Hinterradgeschwindigkeit $\dot{x}$ und dem Kurvenradius $r_{M,H}$ zu

$$\omega = \dot{x}\frac{\tan\delta}{L}$$

(2.44)

Mit dem Kurvenradius des Rahmenschwerpunktes (Gleichung (2.33)) ergibt sich für die Zentrifugalkraft des Rahmens, angegeben im Inertialsystem,

$$
_{(0)}\mathbf{F}_{Zentrifugal,Rahmen} = m_R \omega^2 \frac{l_R}{\sin \delta_R}
\begin{pmatrix}
\sin \delta_R \\
-\cos \delta_R \\
0
\end{pmatrix}
\tag{2.45}
$$

δ und δ_R sind dabei Funktionen von κ und φ (Gl. (2.27), (2.32)). Wie die Gewichtskräfte werden auch die Zentrifugalkräfte generalisiert weiterverarbeitet. Dazu wird wieder die Transponierte der Jacobimatrix des Kraftangriffspunktes mit dem Kraftvektor multipliziert.

$$
\mathbf{Q}_{Zentrifugal,Rahmen} = J_R^T {}_{(0)}\mathbf{F}_{Zentrifugal,Rahmen}
\tag{2.46}
$$

2.11.2 Kontaktkraft am Vorderrad

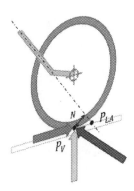

Abb. 2.7 Kräfte am vorderen Aufstandspunkt P_V. Normalkräfte (Pfeil nach oben), Längskräfte (Pfeil nach rechts), Querkräfte (Pfeil nach links oben)

Eine weitere für die Fahrdynamik relevante Kraft ist die Kontaktkraft am Aufstandspunkt des Vorderrades P_V (Abb. 2.7). Diese bildet über den Nachlauf als Hebel ein Drehmoment auf die Lenkachse und wirkt damit direkt auf die Lenkerstellung und die Fahrdynamik. In Gleichung (2.47) sind die Komponenten in einem Aufstandpunkt-eigenem KSYS dargestellt:

$$_{(P_V)}\mathbf{F}_{Kontakt,vorn} = \begin{pmatrix} F_{Laengs} \\ F_{Quer} \\ F_{Normal} \end{pmatrix} \tag{2.47}$$

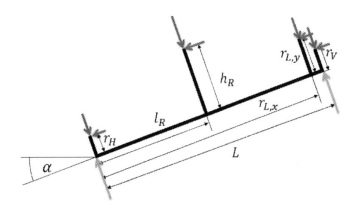

Abb. 2.8 Berechnungsmodell der Normalaufstandskräfte. Normalgewichtskräfte F_y (Pfeile nach unten), resultierende „Nickkraft" F_x (Pfeile nach links)

Normalkraft

Es ist zweckmäßig mit der Berechnung der Normalkraft zu beginnen. Sie ist die Gegenkraft zur Gewichtskraft, abzüglich der Hangabtriebskraft, und verteilt sich je nach Schwerpunktpositionen auf Vorder- und Hinterrad (Abb. 2.8). Zusätzlich steigt bei Anstiegen und Beschleunigungen die Normalkraft am Hinterrad und die des Vorderrades sinkt. Dies wird mittels der roten Pfeile (Pfeile nach links) in Abbildung 2.8 verdeutlicht, welche die Resultierende aus Hangabtriebskraft und Trägheitskraft darstellen. Diese Kraft ist auch verantwortlich für die Nickbewe-gung (Einfedern der vorderen Aufhängung) eines Fahrzeuges beim Bremsen.

$$F_y = F_{G,Normal} = mg\cos\alpha \tag{2.48}$$

$$F_x = F_{Hang} - F_{Traeg} = mg\sin\alpha + m\ddot{x} \tag{2.49}$$

Die Aufstandkraft des Vorderrades erhält man nun durch die Bildung einer Drehmomentenbilanz z.B. um den hinteren Aufstandspunkt.

$$F_{Normal,vorn} = \frac{g\cos\alpha \sum_{i=1}^{4} m_i l_i - (g\sin\alpha + \ddot{x}) \sum_{i=1}^{4} m_i h_i}{L} \tag{2.50}$$

i bezeichnet die einzelnen Schwerpunkte der vier Körper, m_i ihre Massen und l_i bzw. h_i ihren jeweiligen Längs- bzw. Höhenabstand vom hinteren Aufstandspunkt. Die Normalaufstandskraft hat nur eine z Komponente, wodurch sie direkt im Inertialsystem angegeben werden kann.

$$_{(0)}\mathbf{F}_{Normal,vorn} = \begin{pmatrix} 0 \\ 0 \\ F_{Normal,vorn} \end{pmatrix} \tag{2.51}$$

Längskraft

Die Längskraft setzt sich aus einer antreibenden Kraft aus beispielsweise einem Frontmotor und einer abbremsenden Rollreibungskraft mit dem Rollreibungskoeffizienten $c_{r,V}$ zusammen. Die antreibende Kraft kann mit negativem Vorzeichen auch als Bremskraft genutzt werden. Da später das Motormoment einen Eingangsparameter des Modells darstellen soll, wird die Antriebskraft als Moment angegeben.

$$F_{Laengs,vorn} = \frac{M_{vorn}}{r_V} - c_{r,V} F_{Normal,vorn} \tag{2.52}$$

Zur Überführung der Kraft ins Inertialsystem muss sie um den Fahrwinkel δ an der z-Achse rotiert werden.

$$_{(0)}\mathbf{F}_{Laengs,vorn} = \begin{bmatrix} \cos\delta & -\sin\delta & 0 \\ \sin\delta & \cos\delta & 0 \\ 0 & 0 & 1 \end{bmatrix} \begin{pmatrix} F_{Laengs,vorn} \\ 0 \\ 0 \end{pmatrix} \tag{2.53}$$

Querkraft

Die Querkraft ist die Gegenkraft zur Zentrifugalkraft und wird als Zentripetalkraft bezeichnet. Sie berechnet sich ähnlich der Normalkraft aus den Zentrifugalkräften und deren Angriffspunkten. Zu beachten sind die Längskomponenten der Zentrifugalkräfte, welche hier als Bremskraft wirken. Der y_0-Anteil auf das Vorderrad berechnet sich aus der anteiligen Summe der Queranteile der Zentrifugalkräfte (z.B. für den Rahmen Gleichung (2.45)) nach

$$F_{Zentripetal,vorn,quer} = \frac{\sum_{i=1}^{4} F_{Zentrifugal,i,y}\, l_i}{L} \tag{2.54}$$

Die x_0-Anteil ist die Summe der Längsanteile der Zentrifugalkräfte.

$$F_{Zentripetal,vorn,laengs} = \sum_{i=1}^{4} F_{Zentrifugal,i,x} \tag{2.55}$$

Damit ist direkt der Kraftvektor im Inertialsystem gegeben. Da hier die Gegenkräfte angreifen, muss ein negatives Vorzeichen gesetzt werden.

$$_{(0)}\mathbf{F}_{Zentripetal,vorn} = \begin{pmatrix} -F_{Zentripetal,vorn,laengs} \\ -F_{Zentripetal,vorn,quer} \\ 0 \end{pmatrix} \tag{2.56}$$

Generalisierte Kraft

Die Kontaktkraft wird wie jede andere Kraft generalisiert.

$$\mathbf{Q}_{Kontakt,Vorn} = J_{PV}^{T} \begin{pmatrix} F_{Laengs,vorn}\cos\delta - F_{Zentripetal,vorn,laengs} \\ F_{Laengs,vorn}\sin\delta - F_{Zentripetal,vorn,quer} \\ F_{Normal,vorn} \end{pmatrix} \tag{2.57}$$

2.11.3 Kontaktkraft am Hinterrad

Für den Kontaktpunkt des Hinterrades sind nur Kräfte in Längsrichtung interessant. Diese werden in Analogie zu Gleichung (2.52) mit

$$F_{Laengs,hinten} = \frac{M_{hinten}}{r_H} - c_{r,H} F_{Normal,hinten} \qquad (2.58)$$

berechnet. Die hierzu notwendige Normalkraft kann über folgende Beziehung berechnet werden:

$$F_{Norm,hinten} = F_{Norm,gesamt} - F_{Norm,vorn} = g\cos\alpha(m_V + m_R + m_L + m_H) - F_{Norm,vorn} \qquad (2.59)$$

Für die generalisierte Kraft gilt

$$\mathbf{Q}_{Kontakt,Hinten} = J_H^T \begin{pmatrix} F_{Laengs,hinten} \\ 0 \\ 0 \end{pmatrix} \qquad (2.60)$$

2.11.4 Luftwiderstand

Während der Bewegung wirkt auf jedes Fahrzeug der Strömungswiderstand der Luft. Die Kraft wirkt der Fahrtrichtung entgegen und beträgt

$$F_{Luft} = \frac{1}{2} c_{w,Fzg} A_{Fzg} \rho \, \dot{x}^2 \qquad (2.61)$$

$c_{w,Fzg}$ ist der Luftwiderstandsbeiwert des Systems, A_{Fzg} seine Frontalfläche, ρ die Dichte der Luft und $\dot{x}$ die aktuelle Geschwindigkeit. Vereinfachend wird als Kraftangriffspunkt der Schwerpunkt des Hauptkörpers angenommen. Damit ergibt sich als generalisierte Kraft

$$\mathbf{Q}_{Luft} = J_R^T \begin{pmatrix} -\frac{1}{2} c_{w,Fzg} A_{Fzg} \rho \, \dot{x}^2 \\ 0 \\ 0 \end{pmatrix} \qquad (2.62)$$

2.12 Gyroskopische Momente

Gyroskopische Momente treten bei rotierenden Körpern auf, deren Drehachse einer Änderung unterliegt. Rollt ein frei laufendes, einzelnes Rad auf einer ebenen Fläche, beginnt das Rad zu präzessieren. Es lenkt in Richtung der Kippbewegung, was wiederum zu einem Aufrichten führt. Durch diese Ähnlichkeit zum Selbststabilisierungsvorgang des Fahrrades wurde lange Zeit angenommen, dass der gyroskopische Effekt ursächlich für die Fahrbarkeit von Zweirädern ist. Tatsächlich nimmt er nur eine untergeordnete Rolle ein und hat eher schwingungsdämpfende Wirkung.

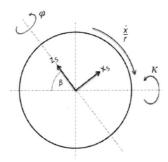

Abb. 2.9 Vorderrad mit Koordinatensystem und Rotationsachsen

Rad ohne Motor

Abbildung 2.9 fasst die für die analytische Beschreibung notwendigen Größen am Vorderrad zusammen. Es ergibt sich ein symmetrischer, geführter Kreisel, wie er z.B. in [24] analysiert wird. Unter Nutzung des radlagerfesten Koordinatensystems I_5 (siehe Abschnitt 2.3) liegt ein Hauptachsensystem vor, womit direkt der Drallvektor angeschrieben werden kann.

$$\mathbf{L}_{Rad} = \begin{pmatrix} -I_{xx,v}\,\dot{\kappa}\,\sin\beta \\ I_{yy,v}\frac{\dot{x}}{r_v} \\ I_{zz,v}(\dot{\varphi} + \dot{\kappa}\,\cos\beta) \end{pmatrix} \tag{2.63}$$

Aufgrund der Rotationssymmetrie ist $I_{xx,v}$ gleich $I_{zz,v}$. Die Rotation des Rades wird von der Führungsbewegung der Fahrradgabel überlagert.

$$\omega_F = \begin{pmatrix} -\dot{\kappa} \sin\beta \\ 0 \\ \dot{\varphi} + \dot{\kappa} \cos\beta \end{pmatrix} \tag{2.64}$$

Die daraus entstehenden Kreiselmomente ergeben sich nach [24] mit

$$\mathbf{M}_{Rad} = \mathbf{L}_{Rad} \times \omega_F = I_{yy,v} \frac{\dot{x}}{r_v} \begin{pmatrix} \dot{\varphi} + \dot{\kappa} \cos\beta \\ 0 \\ \dot{\kappa} \sin\beta \end{pmatrix} \tag{2.65}$$

Ein Kippen nach links ($\dot{\kappa} > 0$) bewirkt demnach ein positives Drehmoment an der z_5-Achse, ein Lenken nach links. Gleichzeitig bewirkt dieses Lenken ($\dot{\varphi} > 0$) ein positives Moment in der x_5-Achse, was einem Kippen nach rechts, also in Richtung der Ausgangsposition, gleichkommt. Durch Multiplikation der Jacobimatrix der Rotation für das Vorderrad mit der gefundenen Momentengleichung erhält man die im Modell genutzte generalisierte Gleichung.

Rad mit Direktläufer

Von besonderem Interesse ist der Effekt eines in der Vorderradnabe verbauten Elektromotors, welcher die gleichen Bewegungen wie das Vorderrad durchläuft und damit ebenso Kreiselmomente erzeugt. Die Berechnung erfolgt analog zum Rad im selben radlagerfesten Koordinatensystem.

$$\mathbf{M}_{Direktmotor} = \mathbf{L}_{Direktmotor} \times \omega_F = I_{yy,M} \, \omega_{M,Motor} \begin{pmatrix} \dot{\varphi} + \dot{\kappa} \cos\beta \\ 0 \\ \dot{\kappa} \sin\beta \end{pmatrix} \tag{2.66}$$

$\omega_{M,Motor}$ ist die mechanische Winkelgeschwindigkeit des Motors, welche beim Direktläufer in Betrag und Drehsinn gleich der Raddrehzahl ist. $I_{yy,M}$ ist das Trägheitsmoment des Läufers um seine Längsachse bezogen auf den Schwerpunkt. Das vom Vorderrad ausgehende Kreiselmoment beträgt bei Direktläufermotoren damit

$$\mathbf{M}_{Direkt} = \mathbf{M}_{Direktmotor} + \mathbf{M}_{Rad} = (I_{yy,M} + I_{yy,v}) \frac{\dot{x}}{r_v} \begin{pmatrix} \dot{\phi} + \dot{\kappa} \cos\beta \\ 0 \\ \dot{\kappa} \sin\beta \end{pmatrix} \tag{2.67}$$

Zusammengefasst wird beim Direktläufer das Trägheitsmoment des Rades mit dem des Läufers addiert. Die Kreiselmomente werden also stärker, was zu einem stabileren Fahrverhalten, aber auch zu einem erschwerten Lenken führt.

$$I_{Ersatz,Direkt} = I_{yy,v} + I_{yy,M} \tag{2.68}$$

Rad mit Getriebemotor

Neben den relativ großen Direktläufern haben sich auch mit einem Planetengetriebe verbundene Elektromotoren etabliert. Der Planetenradträger ist dabei blockiert, so dass sich der Läufer in einem dem Rad entgegengesetztem Drehsinn bewegt. Mit z_{Motor} als Getriebeübersetzung gilt für die mechanische Drehzahl eines Getriebenabenmotors damit

$$\omega_{M,Motor} = -z_{Motor} \frac{\dot{x}}{r_v} \tag{2.69}$$

Das entstehende Kreiselmoment im radlagerfesten System ist

$$\mathbf{M}_{Getriebemotor} = -I_{yy,M} \, z_{Motor} \frac{\dot{x}}{r_v} \begin{pmatrix} \dot{\phi} + \dot{\kappa} \cos\beta \\ 0 \\ \dot{\kappa} \sin\beta \end{pmatrix} \tag{2.70}$$

womit für diesen Antriebstyp das komplette vom Rad ausgehende Kreiselmoment

$$\mathbf{M}_{Getriebe} = \mathbf{M}_{Getriebemotor} + \mathbf{M}_{Rad} = (I_{yy,v} - z_{Motor} \, I_{yy,M}) \frac{\dot{x}}{r_v} \begin{pmatrix} \dot{\phi} + \dot{\kappa} \cos\beta \\ 0 \\ \dot{\kappa} \sin\beta \end{pmatrix} \tag{2.71}$$

beträgt.

Beim Getriebemotor wird das Produkt aus Läuferträgheitsmoment und Getriebeuntersetzung (üblicherweise $z_{Motor} \gg 1$) vom Trägheitsmoment des Rades subtrahiert, was die Selbststabilisierung des Fahrrades negativ beeinflusst.

$$I_{Ersatz,Getriebe} = I_{yy,v} - z_{Motor}\, I_{yy,M} \qquad (2.72)$$

Wird $(z_{Motor}\, I_{yy,M}) > I_{yy,v}$, führt dies zu einer negativen Dämpfung, also zu einem Aufschwingen des Lenkers, was sich im Fahrverhalten sehr deutlich bemerkbar machen wird und unter allen Umständen vermieden werden sollte.

Das angegebene Ersatzträgheitsmoment gilt nur zur Berechnung des Kreisel-momentes des Vorderrades. Das der rotatorischen Beschleunigung entgegen wir-kende Trägheitsmoment wird durch Addition der beiden Summanden ermittelt.

Neben Getriebemotoren mit Planetengetrieben gibt es auch Motoren mit zwei-stufigem Getriebe, deren Läufer dieselbe Drehrichtung wie das Rad aufweist. Die-se beinhalten zwar auch entgegengesetzt rotierende Zahnräder, deren Anteil am gesamten Trägheitsmoment allerdings vernachlässigbar klein ist. Bei diesen Mo-toren ändert sich der Operator der obigen Gleichung (2.72) und die beiden Sum-manden werden nun aufaddiert.

Kapitel 3

Implementierung des Zweirades

3.1 Lagrangesche Vorschrift

Mithilfe der hergeleiteten kinematischen Zusammenhänge und den generalisierten Kräften können nun die Bewegungsgleichungen für Mehrkörpersysteme nach der Lagrangeschen Vorschrift [2] angeschrieben werden.

$$\sum_{j=1}^{n} M_{ij}(\mathbf{q})\ddot{q}_j + \sum_{j=1}^{n}\sum_{k=1}^{n} c_{i,jk}(\mathbf{q})\dot{q}_j\dot{q}_k + \frac{\partial E_{pot}(\mathbf{q})}{\partial q_i} = \sum_{k=1}^{m} \mathbf{Q}_i \qquad (3.1)$$

$i = 1,...,n$ Nummer der Gleichung

$n = 3$ Anzahl der Freiheitsgrade

$m = 13$ Anzahl der nichtkonservativen Kräfte

$p = 4$ Anzahl der konservativen Kräfte

Der erste Summand entwickelt sich zur Massenmatrix, welche sämtliche Trägheitskräfte beinhaltet und mit dem Beschleunigungsvektor $\ddot{q}$ multipliziert wird.

Es folgt ein hier nicht weiter beachteter Summand für Kreisel-, Zentrifugal- und Corioliskräfte. Erstere wurden bereits separat in Abschnitt 2.12 berechnet, Zentrifugalkräfte in 2.11.1 und letztere sind vernachlässigbar gering.

Der dritte Summand beschreibt die dem System innewohnenden potentiellen Energien. Da im Modell keine Federn o.ä. auftauchen und das Material als ideal starr betrachtet wird, beschränkt sich der Summand auf potentielle Lageenergien.

Auf der rechten Seite des Gleichheitszeichen werden die nichtkonservativen Kräfte (siehe Abschnitt 2.11) eingetragen. Bei der späteren Implementierung in Matlab Simulink hat es sich als sinnvoll erwiesen, auch die konservativen Lagekräfte (entspricht den potentiellen Lageenergien) hier mit einzuordnen (mit umgedrehtem Vorzeichen). Grund dafür ist die Rotation der Erdbeschleunigung um den Steigungswinkel α. Die Lagrangesche Vorschrift vereinfacht sich zu

$$\sum_{j=1}^{n} M_{ij}(\mathbf{q})\ddot{q}_j = \sum_{k=1}^{m} \mathbf{Q}_{i,nichtkonservativ} - \sum_{k=1}^{m} \mathbf{Q}_{i,konservativ} \qquad (3.2)$$

In Matrixschreibweise erhält man

$$\begin{bmatrix} M_{11} & M_{12} & M_{13} \\ M_{21} & M_{22} & M_{23} \\ M_{31} & M_{32} & M_{33} \end{bmatrix} \begin{pmatrix} \ddot{\kappa} \\ \ddot{\varphi} \\ \ddot{x} \end{pmatrix} = \begin{pmatrix} \sum_{k=1}^{m} Q_{1,nichtkonservativ} - \sum_{k=1}^{p} Q_{1,konservativ} \\ \sum_{k=1}^{m} Q_{2,nichtkonservativ} - \sum_{k=1}^{p} Q_{2,konservativ} \\ \sum_{k=1}^{m} Q_{3,nichtkonservativ} - \sum_{k=1}^{p} Q_{3,konservativ} \end{pmatrix} \qquad (3.3)$$

Die Berechnung der Massenmatrix $M_{i,j}$ ist durch [2] gegeben.

$$M(\mathbf{q}) = \sum_{i=1}^{N} \left\{ m_i (J_{Ti})^T J_{Ti} + (J_{Ri})^{T}\, {}^{0i}R\,_{(i)} I^{(S)} ({}^{0i}R)^T J_{Ri} \right\} \qquad (3.4)$$

N ist die Anzahl der Körper, m_i deren jeweilige Masse und I deren körperfester Trägheitstensor bzgl. des Schwerpunktes. R sind Rotationsmatrizen aus dem Inertialsystem ins jeweilige körperfeste System und J_T bzw. J_R Jacobimatrizen der Translation bzw. der Rotation. Betrachtet man nun die allgemeine Bewegungsgleichung (3.5) im Vergleich zur ermittelten Gleichung (3.3) fällt auf, dass die Dämpfungs- und Steifigkeitsmatrix D und K entfallen. Die fehlenden Terme sind allerdings bereits in den Kraftvektor Q (Q besteht aus 17 Termen) integriert und könnten prinzipiell auch in die Form (3.5) gebracht werden, was für die Implementierung in Matlab Simulink allerdings unnötig ist.

$$M\ddot{q} + D\dot{q} + Kq = Q \qquad (3.5)$$

Da der zeitliche Verlauf der generalisierten Koordinaten ermittelt werden soll, wird Gleichung (3.3) nach diesen umgestellt.

$$\ddot{q} = M^{-1}Q \qquad (3.6)$$

Diese Gleichung ist das Herzstück des Matlab/Simulink Modells des Zweirades.

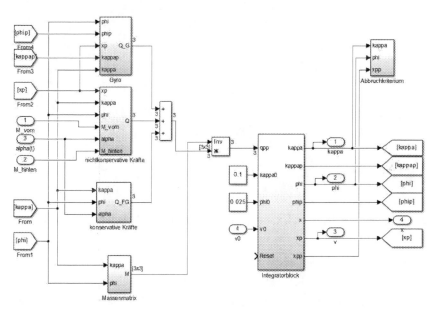

Abb. 3.1 Darstellung der Gleichung (3.6) in Matlab/Simulink mit den jeweiligen Signaldimensionen

Abbildung 3.1 verdeutlicht den Aufbau: Die Inverse der Massenmatrix wird mit der Summe der generalisierten einwirkenden Kräfte und Momente Q, bestehend aus gyroskopischen Effekten, konservativen und nichtkonservativen Kräften, multipliziert. Der entstehende Vektor $\ddot{\mathbf{q}}$ beinhaltet die Winkelbeschleunigungen des Kipp- und Lenkwinkels sowie die Transversalbeschleunigung des Fahrrades. Der integrierte Vektor liefert die Geschwindigkeiten der unabhängigen Koordinaten und der zweifach integrierte Vektor die Absolutwerte Kippwinkel, Lenkwinkel und gefahrene Strecke. Diese Werte sind wiederum Ausgangsgrößen für die Kräfte, Momente und Massenmatrix im folgenden Berechnungsschritt.

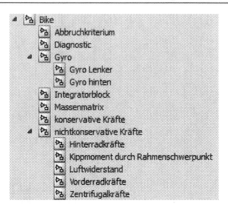

Abb. 3.2 Gliederung der Subsysteme des Systems Bike

3.2 Symbolische Herleitung der Gleichungen

Einige Subsysteme unterteilen sich in weitere Subsysteme, dargestellt in Abbildung 3.2. Am Ende stehen häufig Matlab-Funktionen, welche die in Abschnitt 2 hergeleiteten Gleichungen beinhalten. Aufgrund des Umfanges jeder einzelnen Gleichung wurde dazu die Möglichkeit des symbolischen Rechnens in Matlab genutzt. Dies bringt den Vorteil, dass alle Parameter nachträglich änderbar sind. An zwei Beispielen soll das Vorgehen demonstriert werden.

Massenmatrix für Rahmen

Die Massenmatrix ist bestimmt durch Gleichung (3.4). Neben den Parametern m_R und I_R werden die Jacobimatrizen der Rotation und Translation benötigt. Dafür sind die Ortsvektoren zum Rahmenschwerpunkt nötig, welche wiederum die Transformationsmatrix dorthin vorausetzt. Im folgenden wird die Jacobimatrix der Translation ermittelt:

```
 1  %Deklaration der Variablen als symbolisch und ...
        nicht-imaginaer (real)
 2  syms kappa phi x real

 3

 4  %Deklaration der Parameter
 5  syms mr hr sr real

 6

 7  %Transformationsmatrix ortsfest -> rahmenfest  (I0 -> IH)
 8  T0H=[1 0 0 x;0 1 0 0;0 0 1 0;0 0 0 1];

 9

10  %Transformationsmatrix I0 -> I1
11  T01=expand(T0H*[1 0 0 sr;0 cos(-kappa) -sin(-kappa) ...
        hr*sin(kappa);0 sin(-kappa) cos(-kappa) ...
        hr*cos(kappa);0 0 0 1]);

12

13  %Aufstellen des Ortsvektors und Loeschen der 4. Zeile
14  rp_r=(T01*[0;0;0;1]);
15  rp_r(4,:)=[];

16

17  %Definieren der generalisierten Koordinaten
18  q=[kappa;phi;x];

19

20  %Aufstellen der Jacobimatrix
21  J_r=jacobian(rp_r,q);
```

Dabei wurden folgende Gleichungen genutzt:

- Zeile 8: Gleichung (2.2)
- Zeile 11: Gleichung (2.6)
- Zeile 14: Gleichung (2.21)
- Zeile 18: Gleichung (2.22)
- Zeile 21: Gleichung (2.23)

Die Jacobimatrix der Rotation berechnet sich wie folgt:

```
1  %Deklaration der Variablen als symbolisch und ...
       nicht-imaginaer (real)
2  syms kappap phip xp real
3
4  %Aufstellen des Rotationsvektors
5  rrp_r=[-kappap;0;0];
6
7  %Definieren der generalisierten Koordinaten
8  qp=[kappap;phip;xp];
9
10 %Aufstellen der Jacobimatrix
11 Jr_r=jacobian(rrp_r,qp);
```

Zum Berechnen der Massenmatrix wird die Gleichung (3.4) implementiert:

```
1  %Dieses Skript bedingt das Ausfuehren der beiden ...
       vorhergehenden Skripts!
2  %Deklaration der zusaetzlichen Parameter
3  syms Ixx_r mr real
4
5  %Aufstellen der benoetigten Rotationsmatrix
6  R01=[1 0 0;0 cos(-kappa) -sin(-kappa);0 sin(-kappa) ...
       cos(-kappa)];
7
8  %Aufstellen des Traegheitstensors
9  I_r=[Ixx_r 0 0;0 0 0;0 0 0];
10
11 %Aufstellen der Massenmatrix fuer Rahmen
12 M_r=mr*(J_r)'*J_r+(Jr_r)'*R01*I_r*(R01)'*Jr_r;
```

Das Ergebnis wird in einer Matlab-Funktion erfasst:

```
1  function M_r = fcn(hr,mr,Ixx_r)
2  M_r =[mr*hr^2 + Ixx_r, 0,   0;0, 0,   0;0, 0, mr];
```

Abbildung 3.3 zeigt die fertig implementierte Funktion in Matlab/Simulink. Die Funktion ist nur von Konstanten abhängig, welche vor dem Start der Simulation als Zahlenwerte im *Workspace* abgelegt werden müssen.

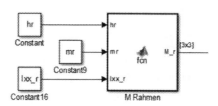

Abb. 3.3 Funktion zur Berechnung der Massenmatrix des Rahmens

Zentrifugalkräfte am Rahmen

Als etwas komplizierteres Beispiel sollen die auf den Rahmen wirkenden Zentrifugalkräfte in Matlab symbolisch erfasst und als Funktion in Simulink implementiert werden. Die gesuchte Kraft wurde bereits in Abschnitt 2.11.1 analytisch hergeleitet. Es stellte sich heraus, dass zur Berechnung der Fahrwinkel δ (Gleichung (2.27)) notwendig ist. Der Fahrwinkel des Rahmenschwerpunktes δ_R ist wie die Kurvenwinkelgeschwindigkeit ω eine Funktion von δ.

```
1   %Deklaration der Variablen
2   syms kappa phi xp real
3
4   %Deklaration der Parameter
5   syms mr sr L beta real
6
7   %Definition ⌂
8   ⌂=atan(tan(phi)*sin(beta)/(cos(kappa)   ...
        -cos(beta)*sin(kappa)*tan(phi)));
9
10  %Definition ⌂_r
11  ⌂_r=atan(tan(⌂)*sr/L);
12
```

```
13  %Definition omega (Kurvenwinkelgeschwindigkeit)
14  omega=xp*tan(Δ)/L;
15
16  %Berechnung Zentrifugalkraft
17  F_zentri_r=mr*omega^2*sr/sin(Δ_r)*[sin(Δ_r);-cos(Δ_r);0];
18
19  %Generalisieren der Kraft
20  Q_zr=(J_r)'*F_zentri_r;
```

Das Ergebnis wird ebenfalls in einer Funktion erfasst:

```
1  function Q_zr = fcn(hr,mr,xp,kappa,sr,L,beta,phi)
2  Q_zr =[ -(hr*mr*xp^2*cos(kappa)*sin(beta)*tan(phi))/ ...
         (L*(cos(kappa) - cos(beta)*sin(kappa)*tan(phi))); 0; ...
         (mr*sr*xp^2*sin(beta)^2*tan(phi)^2)/(L^2*(cos(kappa) ...
         - cos(beta)*sin(kappa)*tan(phi))^2)];
```

In Abbildung 3.4 ist die implementierte Funktion dargestellt. Sie ist wie die Massenmatrix des Rahmens von diversen Konstanten abhängig, die im *Workspace* liegen müssen. Zusätzlich ist die Zentrifugalkraft von den unabhängigen Koordinaten κ (Kippwinkel), φ (Lenkwinkel) und $\dot{x}$ (Geschwindigkeit) abhängig, welche aus dem vorherigen Berechnungsdurchgang aus dem Integratorblock (Abbildung 3.1) übernommen werden. Ausgabewert ist der dreidimensionale Vektor für die generalisierte Zentrifugalkraft auf den Rahmen.

Insgesamt sind im Modell des Fahrrades 17 solcher Funktionen verbaut, die jeweils zu Gruppen zusammengefasst sind. Abbildung 3.5 zeigt das Subsystem für die Zentrifugalkräfte (Vergleich auch Abb. 3.2), bestehend aus einer Funktion pro Körper, deren Summe als einziger Ausgabeparameter in das darüber liegende Subsystem der nichtkonservativen Kräfte übergeben wird.

3.3 Lenkreibung

Um v.a. im Stillstand bei einem unbeladenen Fahrrad ohne Fahrer realitätsnahe Ergebnisse zu erhalten, erwies es sich als notwendig, die dem Lenkmoment entgegenwirkende Reibung in die Simulation zu integrieren. Diese wird hauptsäch-

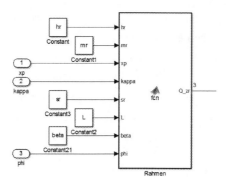

Abb. 3.4 Funktion zur Berechnung der Zentrifugalkräfte auf den Rahmen

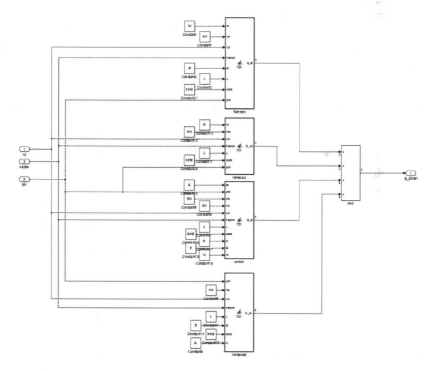

Abb. 3.5 Subsystem Zentrifugalkräfte, bestehend aus einer Funktion pro Körper

lich durch den Kontakt Reifen-Fahrbahn verursacht. Dazu muss zwischen Haft- und Gleitreibung unterschieden werden, was anhand der Drehgeschwindigkeit des Lenkers geschieht. Ist diese ungleich Null, wirkt Gleitreibung. Das auf den Lenker wirkende Drehmoment, im weiteren als M_{in} (eingehende Momente) bezeichnet, wird um den Betrag des Gleitreibungsmomentes reduziert. Das Vorzeichen ist dabei immer von der Drehrichtung des Lenkers abhängig. Das reduzierte Moment wird M_{out} benannt. Kommt der Lenker zum Stillstand, wirkt sofort Haftreibung, d.h. alle antreibenden Lenkmomente unterhalb des Haftmomentes werden blockiert. Diese unstetige Funktion ist durch eine Fallunterscheidung darstellbar.

$$M_{out} = \begin{cases} M_{in} - \text{sgn}(\dot{\varphi})\, M_{Gleit}, & \text{wenn } \dot{\varphi} \neq 0 \text{ oder } |M_{in}| > M_{Haft}, \\ 0, & \text{wenn } \dot{\varphi} = 0 \text{ und } |M_{in}| \leq M_{Haft}. \end{cases} \tag{3.7}$$

Die Umsetzung in Simulink ist in Abbildung 3.6 dargestellt und wird zwischen den Summationsblock der generalisierten Kräfte bzw. Momente und dem Multiplikationsblock derer mit der Massenmatrix eingefügt (siehe auch Abbildung 3.1). Der unterbrochene Signalpfad besteht aus drei Signalen, wobei das zweite die auf den Lenkwinkel wirkenden Momente sind. Die anderen werden unverändert weitergeleitet.

Da die Erkennung der Lenkgeschwindigkeitsbedingung $\dot{\varphi} = 0$ trotz *zero crossing detection* immer wieder Probleme bereitete, wurde ein Totbereich eingefügt. Dieser hat allerdings zur Folge, dass der Schalter das Ausgangsmoment M_{out} etwas zu früh kappt und die verbleibende Lenkwinkelgeschwindigkeit in Höhe der Totbereichsgrenzen zu einer weiteren Lenkwinkelverstellung im Zeitverlauf führt. Dies kann unterbunden werden, indem beim Umschalten auf Haftreibung ein Resetsignal an den Integrator der Lenkgeschwindigkeit gesendet wird.

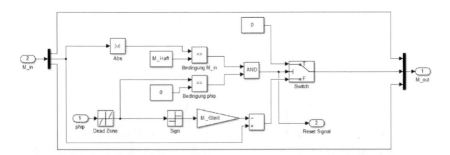

Abb. 3.6 Subsystem der Lenkerreibung

Zur Verifikation des Reibmodells wird zwischen Momentenausgang und den Eingang der Lenkwinkelgeschwindigkeit ein zurücksetzbarer Integrator geschaltet, welcher eine träge Masse repräsentiert. Um das Umschalten von Haft- auf Gleitreibung zu prüfen, wird als Eingangsmoment ein linear steigendes Signal angelegt, welches im weiteren Verlauf wieder auf Null abklingt. Die Lenkwinkelgeschwindigkeit sinkt aufgrund der Gleitreibung stetig bis zum Wert des Totbereiches, wo die den Wert Null annimmt. Dieser Verlauf wiederholt sich danach mit umgekehrtem Vorzeichen (Abbildung 3.7). Dieses Szenario entspricht in der Realität in etwa einem kurzen Heranziehen des linken Griffs des Lenkers, gefolgt von einem Ziehen am rechten Griff in die Ausgangslage.

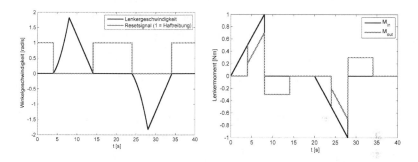

Abb. 3.7 Ergebnisse der Verifizierung des Lenkerreibungsblockes. Links: Lenkergeschwindigkeit und Resetsignal. Rechts: Ein- und Ausgangsmoment. Gleitmoment ist $0.3\,$Nm, Haftmoment $0.5\,$Nm (Schätzwerte)

3.4 Verifizierung Zweiradmodell

Um das kinetische Fahrradmodell zumindest qualitativ zu verifizieren werden einige Situationen dargestellt, die mit der praktischen Erfahrung eines jeden Fahrradfahrers verglichen werden können. Dazu werden zwei Szenarien im Stillstand und drei weitere während der Fahrt betrachtet.

Stillstand

Als erste Situation wird das einfache Umkippen des unbeladenen Fahrrades ohne Fahrer im Stand gewählt, die Geschwindigkeit $\dot{x} = \dot{x}_0$ beträgt also 0 km/h. Der Lenker soll gerade stehen ($\varphi_0 = 0$) und das Fahrrad soll minimal nach links gekippt sein ($\kappa_0 = 0.01$), da sich mit $\kappa_0 = 0$ das labile Gleichgewicht einstellt. Abbildung 3.8 links zeigt die simulierten Kipp- und Lenkwinkel: Wie zu erwarten kippt das Fahrrad mit steigender Geschwindigkeit in Richtung der Anfangsstörung (im Beispiel nach links).

Ein zweiter Versuch untersucht den sich im Stand einstellenden Lenkwinkel, wenn ein konstanter Kippwinkel vorgegeben wird. Diese Situation entspricht dem Abstellen des Fahrrades mittels des seitlichen Fahrradständers. In der Simulation wird ein Kippwinkel $\kappa = 0.2$ (11.5°) vorgegeben und der zeitliche Verlauf des Lenkwinkels bei verschiedenen Kröpfungen ermittelt. Abbildung 3.8 rechts zeigt, dass sich ein konstanter Lenkwinkel einstellt, dessen Betrag mit steigender Kröpfung sinkt. Grund hierfür ist der mit steigender Kröpfung abnehmende Nachlauf (Gleichung 2.12, Abb. 2.4 links), welcher der Hebelarm der lenkmomenterzeugenden Normalkraft ist. Neben der Kröpfung ist der Lenkwinkel von vielen weiteren Parametern abhängig. So beeinflussen Steuerkopfwinkel β und der Vorderradradius ebenfalls den Nachlauf. Die Masse des Fahrrades ändert die Normalkraft und ein weit vorn liegender Lenkerschwerpunkt erhöht das Lenkmoment. Große Bedeutung kommt der Haft- und Gleitreibung zu, so kann eine hohe Haftreibung ein Einlenken komplett unterbinden und niedrige Werte zu einem Überschwingen führen (was in der Realität beides vorkommen kann).

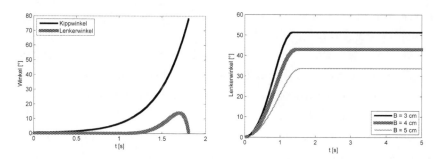

Abb. 3.8 Links: Simulationsergebnisse des Umkippversuchs mit $(\kappa_0, \varphi_0, \dot{x}_0) = (0.01, 0, 0)$ und $\dot{x} = 0$, Rechts: Fahrradständerversuch mit $(\kappa_0, \varphi_0, \dot{x}_0) = (0.2, 0, 0)$ und $(\kappa, \dot{x}) = (0.2, 0)$

Fahrt

Alle folgenden Simulationen werden mit beladenem Fahrrad mit Fahrer durchgeführt. Es sei daran erinnert, dass immer ein freihändiges Fahren untersucht wird, bei dem der Fahrer starr auf dem Sattel sitzt und alle Kippbewegungen unverzögert mitführt.

Im ersten Beispiel startet die Fahrt mit einer Anfangsgeschwindigkeit von $\dot{x}_0 = 7\,\text{m/s}$, einem leicht gekippten Fahrrad ($\kappa_0 = 0.1$) und einem in die korrespondierende Richtung eingelenktem Lenker ($\varphi_0 = 0.025$). Es erfolgt ein freies Rollen auf ebener Strecke ohne Antrieb. Abbildung 3.9 links zeigt, dass Lenk- und Kippwinkel synchron um ihre Nulllage gedämpft schwingen. Das Fahrrad stabilisiert sich von selbst. Dies erklärt, weshalb freihändiges Fahren so einfach möglich ist. Ab einer Geschwindigkeit von etwa $2\,\text{m/s}$ beginnen Lenk- und Kippwinkel sich aufzuschwingen, was letztendlich zum Sturz führt, wie es auch in der Praxis auftritt.

Das diese Selbststabilisierung neben der Geschwindigkeit von vielen weiteren Parametern abhängt, wird an Abbildung 3.9 rechts klar, welche exemplarisch den Kippwinkelverlauf derselben Versuchskonfiguration bei verschiedenen Kröpfungen darstellt. Es wird deutlich, dass mit sinkender Kröpfung, also steigendem Nachlauf, ein stärkeres Überschwingen verursacht wird. Hohe Kröpfungen führen ab einem bestimmten Punkt (hier $B \sim 6\,\text{cm}$) zu einem instabilen Fahrverhalten. Der optimale Wert dürfte im Beispiel zwischen 5 und 6 cm liegen, wobei eine Orientierung in Richtung stabile Schwingung (niedrige Kröpfung = hoher Nachlauf) sicher sinnvoll ist. Je nach Einsatzzweck des Fahrrades kann der Nachlauf und damit die Stabilität angepasst werden.

Ein letztes Beispiel soll den Antrieb sowie den Steigungswinkel überprüfen. Dazu wird ein einfaches Höhenprofil eingefügt, welches bis zum Zeitpunkt $t = 60\,\mathrm{s}$ einen Steigungswinkel von $\alpha = 0.05$ vorgibt und dann zu einen betragsmäßig gleich großen Gefälle wird. Bis zur Bergkuppe wirkt eine Antriebsleistung von $P = F\dot{x} = 200\,\mathrm{W}$ auf das Hinterrad, bergab rollt das Fahrrad frei. Die zu erwartenden Endgeschwindigkeiten lassen sich über folgendes Kräftegleichgewicht abschätzen:

$$F_{Antrieb} = F_{Hangabtrieb} + F_{LuftWS} + F_{Reibung} \tag{3.8}$$

wird ausformuliert zu

$$\frac{P}{\dot{x}} = mg\sin\alpha + \frac{1}{2}A_{Fzg}c_{w,Fzg}\rho\dot{x}^2 + c_r mg \tag{3.9}$$

Mit den gegebenen Daten und $m = 100\,\mathrm{kg}$, $c_{w,Fzg} = 1.15$, $A_{Fzg} = 0.55$, $\rho = 1.3\,\mathrm{kg\,m^{-3}}$ und $c_r = 0.015$ ergibt sich für die Bergfahrt eine Ausgleichsgeschwindigkeit von $3.0\,\mathrm{m/s}$ und für die Talfahrt von $9.1\,\mathrm{m/s}$. Diese Werte werden auch im Simulinkmodell ausgegeben (Abbildung 3.10).

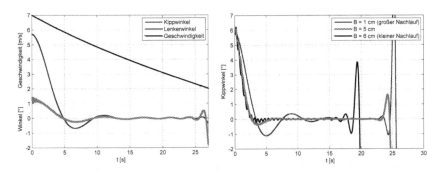

Abb. 3.9 Simulationsergebnisse des freien Rollens. Links: generalisierte Koordinaten mit B= 3 cm. Rechts: Vergleich der Kippwinkelverläufe bei verschiedenen Kröpfungen. Anfangsbedingungen für alle $(\kappa_0, \varphi_0, \dot{x}_0) = (0.1, 0.025, 7)$

Es bleibt zu erwähnen, dass die Reibwerte der Lenkung, welche beim stehenden Fahrrad genutzt wurden, für die Fahrversuche deutlich gesenkt werden mussten.

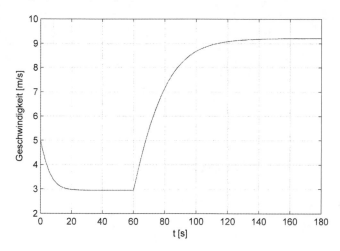

Abb. 3.10 Geschwindigkeiten während der Bergüberquerung

Kapitel 4

Antriebsstrang des Pedelecs

4.1 Überblick

Pedelecs sind üblicherweise mit einem parallelen Hybridantrieb ausgestattet. Die beim Tretvorgang abgegebene Leistung wirkt direkt antreibend und wird elektrisch verstärkt. Unterschiede gibt es im Ort der Zusammenführung der beiden Leistungsflüsse. Abbildung 4.1 zeigt den typischen Antriebsstrang für ein Fahrrad: Die Leistung wird durch die Tretbewegung des Fahrers über die Pedale in die Tretkurbel eingeleitet und treibt über einen Kettentrieb und ein Schaltgetriebe (bei klassischer Kettenschaltung beides kombiniert) das Hinterrad an, welches über seine Rotation den Vortrieb erzeugt. Das Vorderrad läuft momentenfrei mit und passt seine Geschwindigkeit an die des Hinterrades an. Es haben sich drei Konzepte für den Eingriffspunkt der elektrischen Leistung am Markt durchgesetzt: Nabenmotor im Vorder- oder Hinterrad sowie der Mittelmotor am Tretlager.

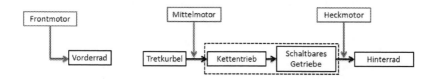

Abb. 4.1 Mechanischer Antriebsstrang eines Fahrrades mit möglichen Angriffspunkten für elektrische Unterstützung

Vorderrad-Nabenmotor

Die konstruktiv einfachste und damit besonders im Billigsegment beliebte Lösung
ist der Frontmotor in der Nabe des Vorderrades. Grundsätzlich kann zwischen zwei
Bauarten unterschieden werden:

- Der Direktläufer ist ein Außenläufer, dessen Stator fest in der Vorderradgabel
  eingespannt ist. Der Rotor wird direkt mit den Speichen verbunden. Damit ist
  die Motordrehzahl immer gleich der Raddrehzahl in einem Nennbereich von
  rund 200 Umdrehungen pro Minute. Um ein hohes Drehmoment zu erzielen ist
  ein hoher Motordurchmesser notwendig, was zu einer vergleichsweise hohen
  Masse führt.
- Immer häufiger werden Getriebemotoren verbaut, welche je nach Ausführung
  Innen- oder Außenläufer sein können. Durch das drehmomentverstärkende Getriebe kann der Bauraum und die Masse deutlich gesenkt werden. Die Motordrehzahl ist höher als die Raddrehzahl und, abhängig vom Getriebe, z.T. auch
  in entgegengesetzter Drehrichtung.

Der Motor kann mit einem Freilauf ausgestattet werden, welcher bewirkt, dass ein
Drehmoment nur in einer Drehrichtung (zum Beschleunigen) übertragen werden
kann. Dadurch muss der Motor nicht kraftraubend mitgedreht werden, falls keine elektrische Unterstützung gewünscht ist oder die Akkuladung aufgebraucht ist.
Allerdings ist bei Verwendung eines Freilaufes keine Rekuperation mehr möglich.
Mit einem schaltbaren Freilaufsystem könnte man je nach Bedarf zwischen leich-
terem Treten oder Rekuperation schalten, ein solches System hat sich allerdings
bisher nicht durchgesetzt. Problematisch bei Frontmotoren ist die Neigung zum
Radschlupf aufgrund der im Vergleich zum Hinterrad geringen Aufstandskraft,
insbesondere bergauf oder bei Nässe bzw. Glätte.

Hinterrad-Nabenmotor

Der Heckmotor kann wie der Frontmotor als Direkt- oder Getriebemotor ausge-
führt sein, allerdings bringt der Einbau im Hinterrad einige bedeutende funktio-
nelle Einschränkungen sowie konstruktive Herausforderungen mit sich. So sind
Rücktrittbremse und Nabenschaltung nur sehr aufwendig umsetzbar.

Mittelmotor

Mittelmotoren werden meist als Innenläufer verbaut und übertragen ihr Moment auf die Tretwelle, wobei häufig ein z.T. auch mehrstufiges Stirnradgetriebe als Untersetzung zwischengeschaltet wird. So kann eine im Vergleich zum Nabenmotor hohe Motordrehzahl erreicht werden. Der Mittelmotor bringt keine Einschränkungen in der Wahl der Hinterradkomponenten wie Gangschaltung usw. mit sich. Eine Nachrüstung ist allerdings aufgrund fehlender Befestigungsmöglichkeiten am Rahmen häufig nicht möglich. Da das Hinterrad immer über einen Freilauf verfügt und damit bei Tretpausen Kette und damit auch der Motor stillstehen, ist Rekuperation nicht möglich. Dies kann umgangen werden, indem der Freilauf direkt in die Tretkurbel eingebaut und der Kettentrieb angepasst wird. Nachteil des Mittelmotors ist der deutlich höhere Verschleiß der Antriebskomponenten wie Kette und Schaltung, da diese meist direkt vom normalen Fahrrad übernommen werden und somit einer dauerhaften Überlastung ausgesetzt sind. Aus diesem Grund werden Pedelecs der Deutschen Post meist mit Nabenmotoren ausgestattet [25].

Zusammengefasst ist Rekuperation bei den momentan auf dem Markt erhältlichen Modellen nur bei Nabenmotoren möglich, welche keinen Freilauf besitzen und damit bei fehlender elektrischer Antriebsleitung eine deutliche Tretleistung erfordern. Prinzipiell kann dennoch durch konstruktive Änderungen jedes Motorkonzept rekuperationsfähig und zugleich leichtgängig gestaltet werden.

Der weitere Antriebsstrang ist bei allen Pedelecs prinzipiell identisch. Der Fahrer gibt durch einen Drehmomentsensor im Tretlager, einen Gashebel o.ä. ein Sollmoment vor, welches einen Leistungsfluss vom Energiespeicher zum Motor hervorruft. Die dazwischen liegende Leistungselektronik, welche je nach Konzept verschieden umfangreich ausfallen kann, wird in dieser Arbeit nur am Rande betrachtet. Über ein Bedienelement am Lenker werden Antriebsparameter wie Unterstützungsfaktor eingegeben und Systeminformationen wie Akkuzustand oder Stromfluss ausgegeben. Ein zentraler Controller übernimmt die Leistungsflusssteuerung und überwacht das System. Abbildung 4.2 liefert eine Übersicht über die Komponenten des dreimotorigen Pedelecs mit Dualspeicher, wie es als Modell

Matlab/Simulink entworfen wird. Energielieferanten wie Solarpanels oder Brennstoffzellen sind zwar in praktischer Erprobung, werden aber nicht weiter thematisiert.

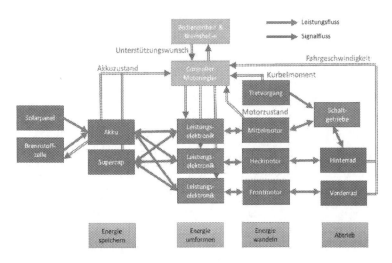

Abb. 4.2 Topologie des dreimotorigen Pedelecs

4.2 BLDC-Motor

Theorie

In faktisch allen Pedelecs werden unabhängig von der Einbauposition bürstenlos kommutierte permanenterregte Gleichstrommaschinen (BLDC, brush less direct current) genutzt. Ihre prinzipielle Funktionsweise wird unter Nutzung von [8], [28] und [7] erläutert und mathematisch analysiert.

Die elektrische Maschine besitzt 3 Phasen (A, B, C), wobei im Beispiel eine Phase aus zwei gegenüber liegenden Spulen (z.B. A und a) besteht, welche immer vom selben Strom (z.B. i_a) durchflossen werden. Die Phasen werden als Stern geschaltet, damit wird die Summe der Phasenströme 0.

$$i_a + i_b + i_c = 0 \tag{4.1}$$

L_i sind Induktivitäten der einzelnen Spulen, R_i der ohmsche Widerstand einer Phase und u_{EMK-i}, im weiteren kurz mit e_i bezeichnet, ist die elektromotorische Kraft, d.h. die Spannung, welche durch die Bewegung eines Leiters im Magnetfeld in die Phase induziert wird. Im Motor haben alle ohmschen Widerstände und Induktivitäten jeweils denselben Betrag, daher gilt $R_i = R_M$ und für die in einer Phase zusammengefassten Spulen $L_l + L_i = L_M$. Der Maschensatz liefert

$$
\begin{aligned}
u_{ab} &= L_M \frac{di_a}{dt} + R_M i_a + e_a - e_b - R_M i_b - L_M \frac{di_b}{dt} \\
u_{bc} &= L_M \frac{di_b}{dt} + R_M i_b + e_b - e_c - R_M i_c - L_M \frac{di_c}{dt}
\end{aligned}
\tag{4.2}
$$

In Zustandsraumdarstellung ergibt sich aus den Gleichungen (4.1) und (4.2) für den Strom- Spannungs- Zusammenhang die Zustandsgleichung

$$
\begin{pmatrix} \dot{i}_a \\ \dot{i}_b \end{pmatrix} = \begin{bmatrix} -\frac{R_M}{L_M} & 0 \\ 0 & -\frac{R_M}{L_M} \end{bmatrix} \begin{pmatrix} i_a \\ i_b \end{pmatrix} + \begin{bmatrix} \frac{2}{3L_M} & \frac{1}{3L_M} \\ -\frac{1}{3L_M} & \frac{1}{3L_M} \end{bmatrix} \begin{pmatrix} v_{ab} - e_a + e_b \\ v_{bc} - e_b + e_c \end{pmatrix}
\tag{4.3}
$$

und die Ausgangsgleichung

$$
\begin{pmatrix} i_a \\ i_b \\ i_c \end{pmatrix} = \begin{bmatrix} 1 & 0 \\ 0 & 1 \\ -1 & -1 \end{bmatrix} \begin{pmatrix} i_a \\ i_b \end{pmatrix}
\tag{4.4}
$$

Die in den Strang induzierte Spannung e_i berechnet sich vereinfacht mit der Drehzahlkonstante k_e.

$$
\begin{aligned}
e_a &= \frac{k_e}{2} \omega_m F(\theta_e) \\
e_b &= \frac{k_e}{2} \omega_m F(\theta_e - \frac{2\pi}{3}) \\
e_c &= \frac{k_e}{2} \omega_m F(\theta_e - \frac{4\pi}{3})
\end{aligned}
\tag{4.5}
$$

ω_m ist die mechanische Motorkreisgeschwindigkeit und θ_e der elektrische Winkel der Maschine, welcher sich aus dem Produkt von mechanischem Winkel und Polpaarzahl bildet. F ($-1 \leq F \leq 1$) ist eine Funktion des elektrischen Winkels und gibt den Verlauf des Feldes der Permanentmagnete wieder. Hierfür existieren zwei verbreitete Modelle: sinusförmiger und trapezförmiger Verlauf. Der trapezförmige Verlauf ist einfacher und robuster und wird daher in dieser Arbeit verwendet.

Das vom Motor erzeugte elektrische innere Moment ergibt sich mit der Drehmomentkonstanten k_t nach

$$M_{el} = \frac{k_t}{2} \left[F(\theta_e)i_a + F(\theta_e - \frac{2\pi}{3})i_b + F(\theta_e - \frac{4\pi}{3})i_c \right] \tag{4.6}$$

An dieser Gleichung erkennt man die Notwendigkeit eines an den Verlauf der induzierten Spannung angepassten Stromes, da nur so ein antreibendes Moment erzeugt werden kann. Ist e_a positiv/negativ, muss auch i_a positiv/negativ werden. Während der Umkehr von e_a wird die Phase stromlos geschaltet. Diese Regelung übernimmt der in Abschnitt 4.3 vorgestellte Inverter. Die für seine Funktion notwendige Rotorpositionserkennung erfolgt meist mittels drei Hallsensoren, kann aber auch über eine Analyse von e_i an der jeweils stromlosen Phase erfolgen (sensorlose Kommutierung).

Implementierung

Damit sind alle für eine Modellierung des Motors in Matlab/Simulink benötigten Gleichungen vorhanden. Das Motormodell wird an die Signalein- und ausgabe des Fahrradmodells angepasst: Eingangsgrößen des Untersystems *BLDC* (Abbildung 4.3) sind die (durch das Getriebe übersetzte) Winkelgeschwindigkeit des Rades sowie die im Inverter modulierten Spannungen $u_{ab} - e_a + e_b$ und $u_{bc} - e_b + e_c$ (siehe Gleichung 4.3). Ausgangsgrößen sind das innere Motormoment, der fließende Strom sowie ein Dataport, welcher die aktuelle Rotorposition, die Werte e_a, e_b und e_c sowie die Strangströme an den Inverter zurückgibt.

Die Berechnung der Ausgangssignale ist in Abbildung 4.4 dargestellt. Die eingehenden Spannungssignale (Eingang 1 und 2) bedienen das Zustandsraummodell nach den Gleichungen (4.3) und (4.4). Die berechneten Ströme dienen zur Ermittlung des inneren Motormomentes (Ausgang 3). Deren Effektivwert wird für spätere Energiebilanzen sowie für thermische Betrachtungen in Ausgang 2 ausgegeben. Eingang 3 liefert die aktuelle Kreisfrequenz des Rotors, welche im unteren Signalpfad direkt zur Berechnung der induzierten Spannung nach Gleichung (4.5) weitergeleitet wird. Gleichzeitig wird die Kreisfrequenz integriert und mit der Polpaarzahl multipliziert, um den aktuellen elektrischen Rotorwinkel zu erhalten. Für das Modell ist es also uninteressant, wie die Rotorposition ermittelt wurde (Hall-sensoren oder sensorlos), es wird von einer idealen und verzögerungsfreien Positionserfassung ausgegangen. Der ermittelte Rotorwinkel wird in einer Funktion auf Winkel zwischen 0 und 2π zurückgerechnet sowie zur besseren Handhabung durch Division mit $\frac{\pi}{6}$ auf Werte zwischen 0 und 6 normiert. Der abgerundete Wert des normierten Rotorwinkels ergibt eine diskrete Rotorpositionsangabe (Position 0 für Winkel zwischen $0°$ und $60°$, Position 1 für $60°$ bis $120°$, usw.). Die Ermittlung von $F(\theta_e)$ erfolgt, wie in Abbildung 4.5 dargestellt, über drei Lookup-tables.

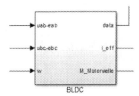

Abb. 4.3 Ein- und Ausgangsgrößen des BLDC-Blocks

Zum Gesamtsystem Motor gehören neben dem BLDC-Block ein Auswertealgorithmus, welcher aus Spannung und Strom die elektrische Leistung und aus Kreisfrequenz und elektrischem Moment die mechanische Leistung ermittelt und daraus den Wirkungsgradverlauf des Motors bestimmt. Zusätzlich wird die gesamte verbrauchte und rekuperierte Energie aufsummiert. Vom elektrischen Ausgangsmoment wird ein Reibmoment abgezogen, welches über den Verlustkoeffizient k_f von der mechanischen Kreisfrequenz der Motors abhängt.

4.3 Inverter

Theorie

Der Inverter hat die Aufgabe, die vom Energiespeicher zur Verfügung gestellte Gleichspannung so umzuformen, dass der BLDC-Motor ein dauerhaft antreibendes bzw. bremsendes Drehmoment erzeugt. Er ersetzt die Kohlebürsten einer herkömmlichen Gleichstrommaschine und dient als Kommutator, indem er zu jedem

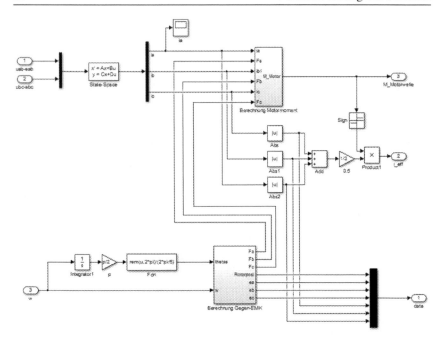

Abb. 4.4 BLDC-Block. Oben: Zustandsraummodell und Momentberechnung. Mitte: Berechnung des Stromes. Unten: Berechnung der induzierten Spannung

Zeitpunkt die korrekten Spulen mit Strom versorgt. Es wurde bereits festgestellt, dass der Sollstrom in jeder Phase von der induzierten Rückspannung und damit von der Rotorposition abhängt.

Realisiert wird die Kommutierung meist mit MOSFETs. Zu den Transistoren parallel geschaltete Freilaufdioden ermöglichen ein ungehindertes Abschalten der Induktivitäten und fungieren bei Rekuperation als Gleichrichter.

Implementierung

Der Inverter wird als Matlab-Function angelegt. Als Eingangssignale dienen die Rotorposition als ganzzahlige diskrete Zahl zwischen 0 und 5, die induzierten Spannungen e_a, e_b und e_c, die Strangströme i_a, i_b und i_c sowie die Eingangsspannung U_{Motor}. Zusätzlich muss dem Inverter bekannt sein, ob der Motor gerade als Generator betrieben werden soll. Ausgangssignale sind die geforderten Spannun-

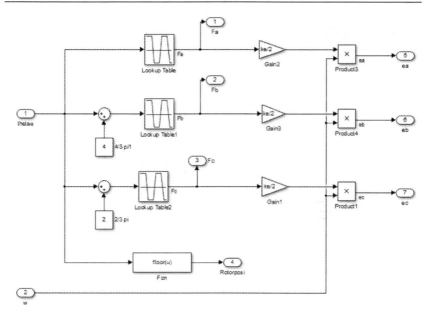

Abb. 4.5 Berechnung Gegen-EMK (induzierte Spannung): thetae besteht aus Werten zwischen 0 und 6

gen für das Zustandsraummodell des Motors $u_{ab} - e_a + e_b$ sowie $u_{bc} - e_b + e_c$. Die Freilaufdioden werden nach [8] als Ersatzspannungsquelle modelliert: Fließt Strom in Durchlassrichtung, ist die Ersatzspannung Null. Ansonsten ist die Spannung genau so hoch, dass ein Stromfluss unterbunden wird. Mit den in [8] hergeleiteten Spannungen ergibt sich folgende Funktion:

```
1  function [u1,u2] = fcn(Posi,ea,eb,ec,ia,ib,ic,u)
2  %Inverterblock
3  u1=0;
4  u2=0;
5
6  if M<0  %Override bei Rekuperation
7      ia=0;
8      ib=0;
9      ic=0;
10 end
11
```

```
12   switch Posi
13       case 0
14           if ic == 0
15                   u1=u-ea+eb;
16                   u2=0.5*(-u+ea-eb);
17           else
18                   u1=u-ea+eb;
19                   u2=-eb+ec;
20           end
21       case 1
22           if ib == 0
23                   u1=0.5*(u-ea+ec);
24                   u2=0.5*(u-ea+ec);
25           else
26                   u1=-ea+eb;
27                   u2=u-eb+ec;
28           end
29       case 2
30           if ia == 0
31                   u1=0.5*(-u+eb-ec);
32                   u2=u-eb+ec;
33           else
34                   u1=-u-ea+eb;
35                   u2=u-eb+ec;
36           end
37       case 3
38           if ic == 0
39                   u1=-u-ea+eb;
40                   u2=0.5*(u+ea-eb);
41           else
42                   u1=-u-ea+eb;
43                   u2=-eb+ec;
44           end
45       case 4
46           if ib == 0
47                   u1=0.5*(-u-ea+ec);
48                   u2=0.5*(-u-ea+ec);
49           else
50                   u1=-ea+eb;
51                   u2=-u-eb+ec;
52           end
```

```
53    case 5
54        if ia == 0
55                u1=0.5*(u+eb-ec);
56                u2=-u-eb+ec;
57        else
58                u1=u-ea+eb;
59                u2=-u-eb+ec;
60        end
61  end
62  end
```

Verifizierung

Im Folgenden wird das Motormodell mit Inverter verifiziert. Dazu wird der Motor erst im Leerlauf betrieben und später das Nennlastmoment M_{nenn} zugeschaltet. Die aus der Simulation ausgelesenen Ströme, Drehzahlen und Zeitkonstanten können mit dem Datenblatt eines Motors abgeglichen werden und sollten weitestgehend übereinstimmen. Als Beispiel dient der EC45 [13], ein bürstenloser Gleichstrommotor der Firma *maxon* mit einer Nenndauerleistung von 250 W, wie sie auch für Pedelecs üblich ist. Die Bewegungsgleichung wird dargestellt durch

$$M_{el} - M_{Reib} - M_{Last} = J\dot{\omega} \quad \rightarrow \quad \omega = \frac{1}{J} \int\limits_0^t M(t) - M_{Reib}(t) - M_{Last} \, dt \qquad (4.7)$$

Abbildung 4.6 zeigt das komplette Modell zur Motorverifizierung. Es wird eine konstante Zwischenkreisspannung von 48 V angelegt, womit der Motor aus dem Stillstand bis zur Nenndrehzahl beschleunigt. Da im Datenblatt keine Reibungskennwerte gegeben sind, wurden sie so gewählt, dass sich die korrekte Leerlaufdrehzahl einstellt (etwa 10% niedriger als ohne Reibung). Bei $t = 0.1$ s wird das Nennlastmoment von 0.347 Nm angelegt.

Die Abbildungen 4.7 bis 4.9 zeigen die Ergebnisse: Man erkennt den für einen BLDC Motor typischen rippelnden Strom- und Momentenverlauf. Die Nenndrehzahl wurde, wie bereits beschrieben, über den Reibungskoeffizienten an die gegebene Nenndrehzahl angepasst und kann daher nicht zur Verifizierung herangezogen werden. Alle anderen Daten ergeben sich aus der Simulation und sind nutz-

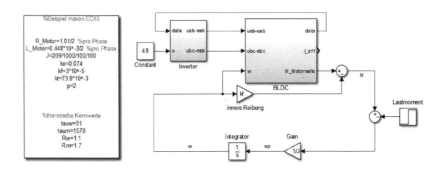

Abb. 4.6 Modell zur Verifizierung der Motor/Inverter Gruppe

bar. Um genauere Stromwerte ablesen zu können, wurde ein Tiefpass zwischenge-schaltet, welcher die Schwingung dämpft und einen Effektivwert ausgibt. Tabelle 4.1 stellt die Sollwerte des Datenblattes den Ist-Werten der Simulation gegenüber. Bis auf den Anlaufstrom sind alle simulierten Werte weniger als 5% von den ge-messenen entfernt. Auch der Anlaufstrom ist nur 20% niedriger als der Sollwert. Grund für diese Abweichung könnte beispielsweise die Haftreibung in den Mo-torlagern sein, welche im Modell nicht betrachtet wird. Die Motorkennlinie ist in Abschnitt 4.6 in Abbildung 4.17 dargestellt.

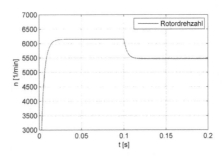

Abb. 4.7 Drehzahlverlauf (Simulink)

Zur zusätzlichen Verifizierung wurde ein BLDC-Motor samt Inverter in der Software *GeckoCIRCUITS* [9] modelliert (Abbildung 4.10) und die entstehenden Stromverläufe mit denen aus Simulink abgeglichen, was zu einer sehr guten Über-

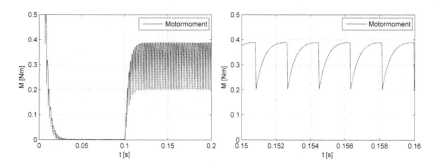

Abb. 4.8 Drehmomentverlauf. Rechts: vergrößerter Ausschnitt (Simulink)

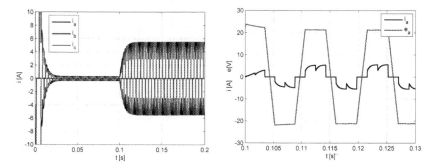

Abb. 4.9 Links: alle Strangstöme. Rechts: Strangstrom i_a und induzierte Spannung e_a (Simulink)

	SOLL (Datenblatt)	IST (Simulation)
Nenndrehzahl [1/min]	5490	5470
Leerlaufstrom [A]	0.244	0.26
Nennstrom [A]	4.86	4.93
Anlaufstrom [A]	47.7	39
Mech. Anlaufzeitkonstante [ms]	3.85	4.04

Tabelle 4.1 Vergleich Soll- und Ist-Werte *EC45* [13]

einstimmung führte. Das Modell inklusive der Open Source Software befinden sich auf der beiliegenden CD [1].

---

[1] Dieser Distribution liegt keine CD bei. Bitte kontaktieren Sie mich direkt per E-Mail unter Lastenpedelec@arcor.de

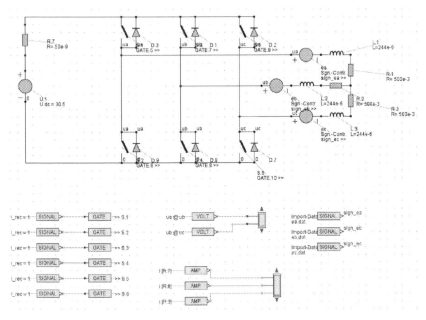

Abb. 4.10 Modell der Motors inkl. Inverter in der Software GeckoCIRCUITS [9]

4.4 Motorregelung

Aufgabe des Motorreglers ist die kontinuierliche Bestimmung der an den Inverter anzulegenden Motorspannung (Stellgröße). Diese basiert auf dem vom Controller (Abschnitt 4.10) bestimmten Soll-Drehmoment (Führungsgröße), welches letztendlich von der vom Fahrer erbrachten Tretleistung abhängt. Da zur Messung eines Motormomentes zusätzliche aufwendige Sensorik notwendig ist, wird bei bekannter Motorkennlinie meist der zum Motormoment proportionale Motorstrom geregelt. Der effektive Motorstrom berechnet sich aus den Strangströmen nach

$$I_{eff} = \frac{1}{2} \ \text{sgn}(M_i) \sum_{n=a}^{c} |i_n| \tag{4.8}$$

Der Faktor $\frac{1}{2}$ ergibt sich aus der Gegebenheit, dass immer zwei Stränge mit demselben Strom durchflossen werden. Die Multiplikation mit dem Signum des inneren Drehmomentes des Motors ermöglicht die Unterscheidung zwischen Motor- und Generatorbetrieb. Da der zeitliche Stromverlauf aufgrund der ständig geschalteten Induktivitäten sehr verrauscht und nur schwer zur Weiterverarbeitung geeignet ist, wird er mit einem PT1-Glied geglättet. Dies kann gleichzeitig als Simulation der Messgeräteverzögerung verstanden werden. Als dessen Zeitkonstante wird die Dauer zweier Rippel bei der Nenndrehzahl $n_{Motor,0}$ zu Grunde gelegt. Pro elektrischer Umdrehung finden 6 Schaltvorgänge statt, pro mechanischer also $6\frac{p}{2}$. Damit ergibt sich für die die gesuchte Zeitkonstante der Stromglättung

$$\tau_{gl,i} = \frac{2}{3\, n_{Motor,0}\, \frac{p}{2}} \tag{4.9}$$

Der geglättete Stromverlauf stellt den Ist-Wert zur Ermittlung der Regelabweichung dar. Der Sollwert wird aus dem geforderten Motormoment hergeleitet:

$$i_{Soll} = \frac{M_{Soll}}{k_t\, z_{Motor}} \tag{4.10}$$

Der Sollwert wird vor dem Bestimmen der Regelabweichung durch ein dynamisches Sättigungsglied nach beiden Richtungen begrenzt. Die Beträge dieser Grenzen richten sich nach mehreren Faktoren wie Motortemperatur und Akkuzustand und werden vom Controller festgelegt. Einganggrößen des Reglers sind also das Wunschmoment, der Ist-Strom, sowie die obere und untere Soll-Strombegrenzung. Ein PI-Regler bestimmt aus der Regelabweichung die Phasenspannung des Motors, welche im weiteren Verlauf im Inverter kommutiert wird. Diese Phasenspannung wird auf konstante Grenzen (Akkunennspannung bis Null) beschränkt.

Die Regelstrecke besteht aus Inverter, Motor und Strommessung. Der Inverter arbeitet im Modell verzögerungsfrei. Der Motor wird als PT1-Verzögerungsglied mit der Zeitkonstante $\frac{L_M}{R_M}$ und der Verstärkung $\frac{1}{R_M}$ angenommen, das Strommessverhalten wurde bereits beschrieben. Es ergibt sich für die Regelstrecke folgende Übertragungsfunktion:

$$F_S(s) = \frac{\frac{1}{R_M}}{(s\frac{L_M}{R_M} + 1)(s\tau_{gl,i} + 1)} \tag{4.11}$$

Die Zeitkonstante der Strommessung ist im betrachteten Motor deutlich größer als der Quotient aus Induktivität und ohmschen Widerstand des Motors. Daher wird die Zeitkonstante des PI-Reglers nach dem Betragsoptimum gleich der Zeitkonstante der Strommessung gesetzt. Für den offenen Regelkreis gilt damit

$$F_O(s) = F_R(s)\, F_S(s) = V_R \frac{sT_N + 1}{sT_n} \frac{\frac{1}{R_M}}{(s\frac{L_M}{R_M} + 1)(s\tau_{gl,i} + 1)} = \frac{\frac{V_R}{R_M}}{(s\frac{L_M}{R_M} + 1)s\tau_{gl,i}} \quad (4.12)$$

Für den geschlossenen Regelkreis ergibt sich nach einigem Umstellen die Struktur eines PT2-Gliedes.

$$F_g(s) = \frac{F_O(s)}{F_O(s) + 1} = \frac{1}{s^2 \frac{L_M\,\tau_{gl,i}}{V_R} + s\frac{R_M\,\tau_{gl,i}}{V_R} + 1} = \frac{1}{s^2 T^2 + s2dT + 1} \quad (4.13)$$

Nun lässt sich die Zeitkonstante herausschreiben.

$$T = \sqrt{\frac{L_M\,\tau_{gl,i}}{V_R}} \quad 2dT = \frac{R_M\,\tau_{gl,i}}{V_R} \quad (4.14)$$

In Abhängigkeit vom Dämpfungsfaktor d kann nun die einzustellende Reglerverstärkung berechnet werden.

$$V_R = \frac{R_M^2\,\tau_{gl,i}}{4\,L_M\,d^2} \quad (4.15)$$

Mit einem Dämpfungsfaktor von $d = 1$ wird der aperiodische Grenzfall erreicht, d.h. die Ausregelzeit wird minimiert, ohne das ein Überschwingen stattfindet.

Abbildung 4.11 zeigt das implementierte Simulinkmodell. Der Ausgang wird direkt mit dem Spannungseingang des Inverterblocks verbunden (in Abbildung 4.6 ersetzt er die Konstante). Der im Motorblock ausgegebene Effektivstrom dient wiederum als Ist-Wert des Reglers. Die Ergebnisse der Tests auf das Führungsverhalten (Soll-Moment wird sprunghaft geändert) und Störverhalten (Motordrehzahl wird sprunghaft geändert) sind Abbildung 4.12 zu entnehmen. Es ist deutlich zu erkennen, dass das Ist-Moment immer etwas niedriger einregelt als gewünscht. Ursache dafür ist die Motorreibung, was gut am Test des Störverhaltens zu erkennen ist. Dort ist die Regelabweichung umso höher, je höher die Motordrehzahl (und damit auch die drehzahlabhängigen Verluste) ist. Dieser Effekt kann eliminiert werden, indem der Controller vom Motor immer ein um das Reibmoment erhöhtes Motormoment anfordert.

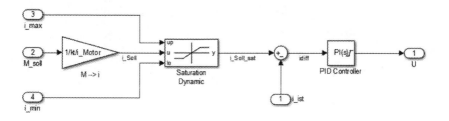

Abb. 4.11 Motorregler (*i_Motor* im Gain-Block ist die Motorübersetzung)

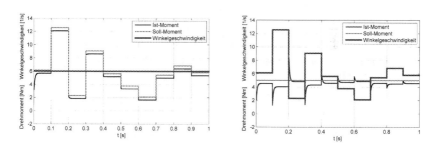

Abb. 4.12 Verifizierung des Motorreglers. Links: Test des Führungsverhaltens bei konstanter Drehzahl. Rechts: Test des Störverhaltens bei konstantem Soll-Moment

4.5 Wärmestromkreis Motor

Theorie

Da die Motortemperatur bei Pedelecs ein kritischer Faktor ist, wurde ein thermisches Motormodell erstellt. Grundlage dazu ist der Wärmestromkreis, wie er beispielsweise in [29] erläutert wird. Abbildung 4.13 zeigt das genutzte Zweikörpermodell der Wärmeübertragungen im Motor. Der Index W steht für Wicklung, G für Gehäuse und U für Umgebung. Gehäuse meint dabei alle Bauelemente des Motors außer den Wicklungen. Zur Berechnung wird die Analogie zum elektrischen Stromkreis genutzt: Die Flussgrößen (entspricht elektrischem Strom) sind im thermischen Modell Wärmeströme/Leistungen und die Zustandsgrößen (entspricht elektrischem Potential) die mittleren Temperaturen der Wicklungen und des Gehäuses. Kapazitäten dienen als Wärmespeicher, Widerstände behindern den Temperaturausgleich. Für das Verhalten der Schaltungselemente kann analog zur

Elektrotechnik für eine als konstant angenommene Außentemperatur T_U (durch Fahrtwind gegeben) folgendes geschrieben werden:

$$P_{WG} = \frac{T_W - T_G}{R_{WG}} \tag{4.16}$$

$$P_{GU} = \frac{T_G - T_U}{R_{GU}} \tag{4.17}$$

$$P_W = c_W \frac{d(T_W - T_U)}{dt} = c_W \dot{T}_W \tag{4.18}$$

$$P_G = c_G \frac{d(T_G - T_U)}{dt} = c_G \dot{T}_G \tag{4.19}$$

Der Knotenpunktsatz, angewendet auf die erste Verzweigung, ergibt

$$P_V = P_{WG} + P_W \tag{4.20}$$

und nach dem Einsetzen der Gleichungen (4.16) und (4.18)

$$\dot{T}_W = \frac{1}{c_W R_{WG}} T_G - \frac{1}{c_W R_{WG}} T_W + \frac{1}{c_W} P_V \tag{4.21}$$

Der Knotenpunktsatz der zweiten Verzweigung ergibt mit eingesetzten Gleichungen (4.16), (4.17) und (4.19)

$$\dot{T}_M = \left(-\frac{1}{c_G R_{WG}} - \frac{1}{c_G R_{GU}} \right) T_G + \frac{1}{c_G R_{WG}} T_W + \frac{1}{c_G R_{GU}} T_U \tag{4.22}$$

In Zustandsraumdarstellung ergibt sich

$$\begin{pmatrix} \dot{T}_W \\ \dot{T}_G \end{pmatrix} = \begin{bmatrix} -\frac{1}{c_W R_{WG}} & \frac{1}{c_W R_{WG}} \\ \frac{1}{c_G R_{WG}} & -\frac{1}{c_G R_{WG}} - \frac{1}{c_G R_{GU}} \end{bmatrix} \begin{pmatrix} T_W \\ T_G \end{pmatrix} + \begin{bmatrix} \frac{1}{c_W} & 0 \\ 0 & \frac{1}{c_G R_{GU}} \end{bmatrix} \begin{pmatrix} P_V \\ T_U \end{pmatrix} \tag{4.23}$$

Die Ausgangsgleichung ist trivial. Da von den Motorenherstellern meist statt der Wärmekapazität die Zeitkonstanten zur Verfügung gestellt werden, muss die Gleichung noch darauf angepasst werden. Die Zeitkonstante ist das Produkt aus jeweiliger Kapazität und ohmschen Widerstand, daher wird Gleichung (4.23) zu

$$\begin{pmatrix} \dot{T}_W \\ \dot{T}_G \end{pmatrix} = \begin{bmatrix} -\frac{1}{\tau_W} & \frac{1}{\tau_W} \\ \frac{R_{GU}}{\tau_G R_{WG}} & -\frac{1}{\tau_G}\left(\frac{R_{GU}}{R_{WG}}+1\right) \end{bmatrix} \begin{pmatrix} T_W \\ T_G \end{pmatrix} + \begin{bmatrix} \frac{R_{WG}}{\tau_W} & 0 \\ 0 & \frac{1}{\tau_M} \end{bmatrix} \begin{pmatrix} P_V \\ T_U \end{pmatrix} \qquad (4.24)$$

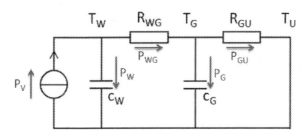

Abb. 4.13 Wärmestromkreis zur Berechnung der Motortemperatur

Implementierung und Verifizierung

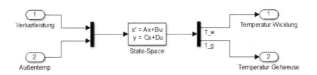

Abb. 4.14 Simulinkmodell des Wärmeverhaltens des Motors

Die Implementierung erfolgt nach Gleichung (4.24) als Matlab/Simulink State-Space Block (Abbildung 4.14). Eingangsgrößen sind die Verlustleistung des Motors und die konstante Außentemperatur. Als Ergebnis der Berechnung werden der Verlauf von Gehäuse- und Wicklungstemperatur ausgegeben.

Die Verifizierung erfolgt an dem Motor aus Abschnitt 4.3. Die thermischen Kenndaten sind aus dessen Datenblatt [13] zu entnehmen. Die maximal erlaubte Wicklungstemperatur ist mit 125 °C angegeben. Die Kupferverlustleistung ergibt sich aus den Nenndaten des Motors.

$$P_{V,Cu} = R_M I_{Nenn}^2 = 24\,\text{W} \qquad (4.25)$$

Die Umgebungstemperatur wird aufgrund des dauerhaften Fahrtwindes als konstanter Wert mit 25 °C angenommen. Da aufgrund der hohen Zeitkonstante des Gehäuses ($\tau_G = 1570$ s) der Ausgleichsvorgang verhältnismäßig lange dauert, wird die Laufzeit der Simulation auf zwei Stunden festgelegt. Abbildung 4.15 zeigt das Ergebnis: Die Wicklungstemperatur bleibt wie erwartet unter der zulässigen Maximaltemperatur und lässt noch Raum für kurzzeitige Überlastungen.

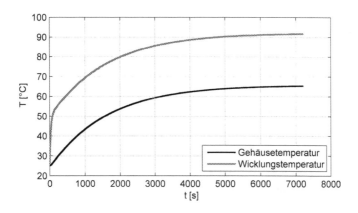

Abb. 4.15 Temperaturverlauf des Motors im Nennbetrieb

4.6 Vereinfachtes Motormodell

An dieser Stelle wird der Chronologie der Arbeit etwas vorausgegriffen und davon ausgegangen, dass das komplette Simulink-Modell des Pedelecs, inklusive der in den nächsten Abschnitten folgenden Komponenten, anwendungsbereit ist.

Tabelle 4.2 listet die reine Simulationslaufzeit (ohne Kompiliervorgang) eines 10 Sekunden andauernden Beschleunigungsvorganges auf. Für das komplette Mehrmotorenmodell kann nur eine relative Laufzeit von 10:1 erreicht werden, d.h. für jede Sekunde in der Simulation müssen 10 Sekunden in der Realität aufgebracht werden. Durch das Weglassen zweier Motoren kann die Laufzeit halbiert werden, der Motor ist im Modell also offensichtlich die Schwachstelle in puncto Simulationsperformance. Extrapoliert man die Laufzeiten des Modells auf die

Simulation einer zweistündigen Fahrt wird sofort klar, dass eine Laufzeit von 20 Stunden für einen einzigen Durchgang unzulässig lang ist. Eine weitgreifende Optimierung des Motormodells ist also unumgänglich.

Grund für die schlechte Simulationsperformance des Motors sind die ständigen Schaltvorgänge des Inverters, welche immer wieder zu Unstetigkeiten und Sprüngen im zeitlichen Signalverlauf führen (siehe z.b. Abbildung 4.9). Um die geforderte Genauigkeit der Simulation beizubehalten, wird die als variabel eingestellte Schrittweite von Simulink automatisch sehr klein gewählt, was zu sehr vielen Iterationsschritten und damit zu einer schlechten Performance führt.

Für die Simulation des Systemverhaltens eines Pedelecs ist der genaue Verlauf der Phasenströme des Motors uninteressant, relevant sind letztendlich nur der effektive Motorstrom und das Motormoment. Zur Herleitung der vereinfachten mathematischen Beschreibung werden die Induktivitäten vorerst vernachlässigt. Für die Spannungen im Motor gilt

$$U_{Klemm} = RI + U_{Ind} \tag{4.26}$$

U_{Klemm} ist die von außen angelegte Klemmenspannung, welche immer über zwei der drei Phasen wirkt. Da im vereinfachten Modell keine Schaltvorgänge betrachtet werden, sind diese als Ersatzphasen zu verstehen, an welchen immer das jeweils korrekte magnetische Feld vorherrscht. Der oben aufgeführte ohmsche Widerstand repräsentiert den Widerstand beider Phasen, ebenso ist die induzierte Spannung auf beide Phasen bezogen. Mit den in Gleichung (4.2) und (4.5) eingeführten Formelzeichen entsteht

$$U_{Klemm} = 2R_M \hat{I} + k_e \omega_m \tag{4.27}$$

R_M ist, wie bereits in Abschnitt 4.2 erläutert, der ohmsche Widerstand einer Phase und k_e die Drehzahlkonstante des Motors bezogen auf zwei Phasen. Der fließende

Modus	3 Motoren	1 Motor
Normal	260 s	140 s
Accelerator	180 s	100 s
Rapid Accelerator	100 s	50 s
Vereinfachter Motor	< 1 s	< 1 s

Tabelle 4.2 Simulationslaufzeiten des Pedelecmodells für eine Simulationsdauer von 10 Sekunden

Strom entspricht dem maximalen Phasenstrom nach Beendigung des Ausgleichs-
vorganges. Aufgelöst nach diesem ergibt sich

$$\hat{I} = \frac{U_{Klemm} - k_e \omega_m}{2R_M} \tag{4.28}$$

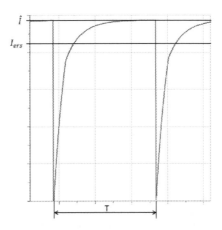

Abb. 4.16 Verlauf des effektiven Motorstroms einer BLDC Maschine mit Maximalstrom $\hat{I}$, Ersatzstrom I_{ers} und Schaltstufendauer T, ermittelt mit der Software GeckoCIRCUITS

Da im Motor aufgrund der Kommutierung dauerhaft Ausgleichsvorgänge statt-
finden, ist der drehmomentbringende Strom häufig deutlich niedriger als der ermittelte Maximalstrom. Abbildung 4.16 zeigt einen solchen Ausgleichsvorgang,
welcher aus dem weiter oben vorgestellten Motormodell aus *GeckoCIRCUITS*
(Abb. 4.10) hervorgeht. Der Stromverlauf kann für jeden Schaltvorgang nähe-
rungsweise mit Hilfe einer Exponentialfunktion mit der Motorzeitkonstanten $\frac{L_M}{R_M}$
beschrieben werden.

$$i(t) = \hat{I} \left[1 - \exp\left(-\frac{R_M t}{L_M} \right) \right] \tag{4.29}$$

Letztendlich ist es das Ziel, eine Berechnungsvorschrift für die Ersatzspannung
I_{ers} zu finden, welche das gleiche durchschnittliche Motormoment wie der reale
Motorstrom $i(t)$ hervorruft. Dies ist der Fall, wenn die Flächen unter den beiden
Funktionen gleich groß sind, wenn also gilt

$$I_{ers}\, T = \int_0^T i(t)dt = \hat{I}\left[T + \frac{L_M}{R_M}\left(e^{-\frac{R_M\,T}{L_M}} - 1\right)\right] \tag{4.30}$$

Der Quotient aus Ersatzstrom und Maximalstrom kann als Abschwächungsfaktor f aufgefasst werden.

$$f = \frac{I_{ers}}{\hat{I}} = 1 + \frac{L_M}{R_M\,T}\left(e^{-\frac{R_M\,T}{L_M}} - 1\right) \tag{4.31}$$

Der Abschwächungsfaktor gibt die Absenkung des effektiven Motorstromes aufgrund der ständig geschalteten Induktivitäten wieder. So ergibt sich für eine Induktivität von $L_M = 0\,\mathrm{H}$ ein Faktor $f = 1$, es wirkt der ungeschwächte Maximalstrom.

Die Schaltstufenlänge T ist eine Funktion der Drehzahl: Pro elektrischer Umdrehung werden 6 Schaltstufen durchlaufen, es finden also 6 Ausgleichsvorgänge statt. Für eine mechanische Umdrehung wird dieser Wert mit der Polpaarzahl multipliziert, mit p als Polzahl ergeben sich $3p$ Schaltvorgänge pro mechanischer Umdrehung. In Abhängigkeit von der mechanischen Kreisfrequenz des Läufers ergibt sich somit für die Dauer einer Schaltstufe

$$T = \frac{2\pi}{3\omega_m p} \tag{4.32}$$

Das innere Motormoment berechnet sich letztendlich als Produkt der Drehmomentkonstante mit dem ermittelten Ersatzstrom.

$$M_i = k_t\, I_{ers} = k_t\, f\, \hat{I} \tag{4.33}$$

Mithilfe der hergeleiteten mathematischen Zusammenhänge für ein vereinfachtes Motormodell mit quasi-konstantem Stromverlauf kann nun die Motorkennlinie dieses Modells mit der des exakten Modells verglichen werden. In Abbildung 4.17 sind keine Unterschiede in den Motoreigenschaften zu erkennen. Auch eine genauere Analyse der Verläufe zeigt nur vernachlässigbare Unterschiede in der Anfahrzeitkonstante. Gleichzeitig sinkt die Simulationslaufzeit auf einen Bruchteil der ursprünglichen Zeit (Tabelle 4.2), was umfangreichere Untersuchungen ermöglicht. Daher wird im weiteren Verlauf mit dem vereinfachten Motormodell gearbeitet.

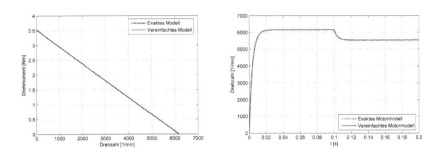

Abb. 4.17 Vergleich des exakten Motormodells (Abschnitt 4.2 und 4.3) mit dem vereinfachten Modell: links Motorkennlinien, rechts Anfahrvorgang und Zuschaltung des Nennmomentes

4.7 Getriebe

Theorie

In den Antriebsstrang des Fahrrades werden an mehreren Stellen Über- bzw. Untersetzungen verbaut. Dabei muss zwischen Kettenschaltung und Nabenschaltung unterschieden werden. Abbildung 4.18 zeigt vergleichend die beiden hauptsächlich vorkommenden Prinzipien.

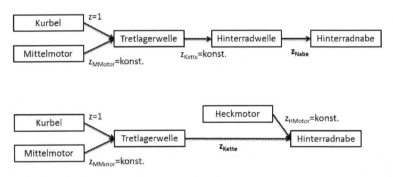

Abb. 4.18 Übersetzungsstufen in einem Fahrradantrieb. Oben: Nabenschaltung. Unten: Kettenschaltung

Kettenschaltungen nutzen den Kettentrieb zwischen Tretlagerwelle und Hinterradnabe als schaltbare Baugruppe. So besitzt der Antrieb üblicherweise drei verschiedene Kettenblätter, der Abtrieb meist sieben. Beide können über ein Bowdenzugsystem o.ä. unabhängig voneinander geschaltet werden, damit ergeben sich 21 mögliche Schaltstufen. Kettenschaltungen unterliegen v.a. bei Pedelecs mit Mittelmotoren einer hoher Abnutzung, insbesondere wenn die Übersetzung häufig so gewählt wird, dass die Kette schräg läuft.

Nabenschaltungen besitzen eine schaltbare Übersetzung für den Fahrer unsichtbar in der Hinterradnabe. Sie besteht aus mehreren hintereinander geschalteten Planetengetrieben, deren gezielte Verschaltung momentan bis zu 14 Schaltstufen zulässt. Daneben existiert seit einigen Jahren die stufenlos schaltbare NuVinci-Schaltung, deren Prinzip bereits von Leonardo da Vinci beschrieben wurde. Nabenschaltungen sind aufgrund ihres komplizierten Aufbaus relativ teuer, laufen allerdings durch ihre Einhausung verschleißarm und verlässlich. Sie schließen aber nach heutigem Stand der Technik die Nutzung eines Heckmotors weitestgehend aus. Nabenschaltungen waren den Kettenschaltungen in puncto Wirkungsgrad lange Zeit unterlegen, neue Entwicklungen stehen ihnen aber in nichts mehr nach. Eine aktuell häufig verbaute und besonders effiziente Nabenschaltung ist die *Rohloff Speedhub*, deren Wirkungsgrad teilweise besser ist als der einer Kettenschaltung.

Der Wirkungsgrad setzt sich bei allen Schaltungstypen aus einem belastungsabhängigen und einem unabhängigen Teil zusammen [30]. Während der relative, auf die übertragene Leistung bezogene Anteil lastunabhängiger Verluste abnimmt, bleibt der abhängige Anteil konstant. Insgesamt steigt also der Wirkungsgrad mit steigender Last.

Implementierung

Die motorinternen Getriebe mit konstanter Übersetzung werden direkt als Multiplikator (Gain-Block) in die Motorsubsysteme eingefügt. Ketten- und Nabengetriebe werden in einem eigenen Subsystem modelliert. Dessen Eingänge sind die Drehzahl des Hinterrades und das Drehmoment vom Motor. Beide Signale werden im Block mit der aktuellen, gangabhängigen Getriebeübersetzung multipliziert. Bei der Nabenschaltung wird zusätzlich ein Gain-Block für die konstante Übersetzung vom Tretlagerkettenblatt auf das Hinterradkettenblatt eingefügt. Die aktuelle Übersetzung der Schaltung wird aus einer Lookup-Table ausgelesen, welche die vom Gang abhängigen Übersetzungen aus den Datenblättern der Hersteller enthält. Der im zeitlichen Verlauf eingelegte Gang ermittelt sich über einem Al-

gorithmus, welcher bei Überschreiten einer oberen Grenztretfrequenz einen Gang
hinaufschaltet und bei Unterschreiten einer unteren Grenzfrequenz herabschaltet.

```
1  function Gang_neu = fcn(Gang,w)

2

3  Gang_neu=Gang;
4  f=w/2/3.14*60;

5

6  if (f>100)  %Sollkurbeldrehzahl zum Hochschalten (in rpm)
7      if Gang≠8  %hoechster Gang
8          Gang_neu=Gang+1;
9      end
10 end
11 if(f<75)   %Sollkurbeldrehzahl zum Runterschalten (in rpm)
12     if Gang≠1 %niedrigster Gang
13         Gang_neu=Gang-1;
14     end
15 end
```

Vereinfachend wird bei der Kettenschaltung davon ausgegangen, dass nur die
Schaltgruppe am Hinterrad verwendet wird, da sonst alle 28 Gänge durchgeschal-
tet würden, was weder der Realität entspricht noch sinnvoll ist. Ohnehin ist bei
vielen Pedelecs mit Mittelmotor aus Platzgründen nur ein einzelnes Kettenrad an
der Tretlagerwelle angebracht.

Die Leistungsverluste werden entsprechend [30] in einen belastungsabhängigen
und unabhängigen Anteil unterteilt. Zur Modellierung der belastungsabhängigen
Verluste wird ein Gain-Block in den Antriebsmomentsignalfluss zwischengeschaltet, welcher nach Rohloff [30] den durchschnittlichen Wirkungsgrad 0.95 enthält.

$$M_{V,Getriebe,abh} = (1 - \eta_{Getriebe})M_{Tretlager} = 0.05\,M_{Tretlager} \qquad (4.34)$$

Die belastungsunabhängigen Verluste werden linear abhängig von der Drehzahl
vom Antriebsmoment subtrahiert, sodass bei Nenndrehzahl 2 W verloren gehen.
Die Nenndrehzahl des Tretlagers wird mit 90 Umdrehungen pro Minute angenommen.

$$M_{V,Getriebe,unabh} = \frac{P_{V,Getriebe,unabh}}{\omega_{Tretlager,n}}\,\frac{\omega_{Tretlager}}{\omega_{Tretlager,n}} = \omega_{Tretlager,n}\cdot 22.5\,\mathrm{mN\,m} \qquad (4.35)$$

Abbildung 4.19 zeigt das in Simulink implementierte Modell. In der dargestellten Variante simuliert es ein Getriebe mit Nabenschaltung. Wird für die konstante Kettenübersetzung der Nabenschaltung der Wert 1 angenommen, ist es auch für eine Kettenschaltung anwendbar. Die Übersetzungen der Schaltung, welche in der Lookup-Table gespeichert sind, entsprechen der 8-Gang Nabenschaltung *NEXUS SG-8C31* der Firma *Shimano* [31].

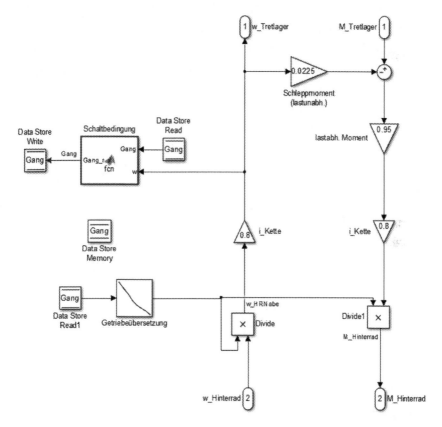

Abb. 4.19 Subsystem Getriebe: rechts der Verlauf des Antriebsmomentes (Subtraktion des Schleppmomentes, Abzug des lastabhängigen Momentes, Übersetzung des Kettentriebes, schaltbares Getriebe), mittig die Winkelgeschwindigkeit der Bauelemente, links die Schaltlogik

Verifizierung

Zur Verifizierung wird eine Last mit einem konstanten Antriebsmoment beschleunigt und anschließend bis zum Stillstand abgebremst. Abbildung 4.20 zeigt die
aufgenommenen Daten: am Drehzahlverlauf des Tretlagers sind deutlich die beiden Schaltkriterien bei $100\,\mathrm{min}^{-1}$ bzw. $75\,\mathrm{min}^{-1}$ zu erkennen.

Eine zweite Simulation überprüft die Wirkungsgradkennlinie bei konstanter
Nenndrehzahl und ansteigendem Moment. Dazu wird am Tretlager und am Hinterrad die Leistung bestimmt (Produkt aus Winkelgeschwindigkeit und Moment) und
die Ausgangsleistung mit der Eingangsleistung dividiert. Die ermittelte Kennlinie
(Abb. 4.21) stimmt sehr gut mit der Theorie Rohloffs [30] überein.

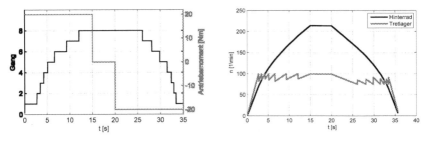

Abb. 4.20 Verifizierung Getriebe. Links: vorgegebenes Antriebsmoment und eingelegter Gang.
Rechts: Tretlagerdrehzahl und Hinterraddrehzahl

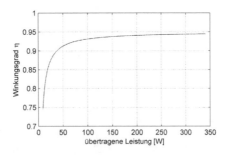

Abb. 4.21 Verifizierung Getriebe: Wirkungsgradkennlinie bei konstanter Nenndrehzahl

Auslegung der Motorübersetzung

Es wird davon ausgegangen, dass bei dem auszulegenden Antrieb die Übersetzungen der Schaltung, der Kette und der Radradius bekannt sind. Ziel ist es, bei einer Geschwindigkeit des Fahrrades von 27 km/h das Nennmoment des Motors anliegen zu haben. Eine Getriebeübersetzung ist definiert nach

$$z = \frac{\omega_{Antrieb}}{\omega_{Abtrieb}} \tag{4.36}$$

Mittelmotor bei Nabenschaltung

Bei einer Nabenschaltung sind folgende Werte üblich:

$$z_{Kette} = \frac{\omega_{Tretlager}}{\omega_{Radnabe}} = 0.8 = konst.$$
$$z_{Nabenschaltung} = \frac{\omega_{Radnabe}}{\omega_{Hinterrad}} = \frac{\omega_{Radnabe}}{\frac{\dot{x}}{r_H}} = 0.5...1.7 \tag{4.37}$$

Mit diesen Daten kann letztendlich die optimale Motorübersetzung ermittelt werden. Für den Zusammenhang zwischen Fahrgeschwindigkeit und Motordrehzahl eines Mittelmotors gilt angelehnt an Abbildung 4.18

$$\omega_{MMotor} = z_{MMotor} \, z_{Kette} \, z_{Nabe} \frac{\dot{x}}{r_H} \tag{4.38}$$

Eine passende Motorübersetzung des Mittelmotors bei Nabenschaltung ist also

$$z_{MMotor} = \frac{\omega_{MMotor,nenn} \, r_H}{z_{Kette} \, z_{Nabe,min} \, \dot{x}} \tag{4.39}$$

Dabei wird für die Nabenübersetzung der höchste Gang, also das niedrigste z eingesetzt. Beim Mittelmotor muss zusätzlich überprüft werden, dass in keiner Schaltstufe (in Abhängigkeit von den angegebenen Schaltdrehzahlen) die Leerlaufdrehzahl der Motors erreicht wird. Sonst ist ggf. die Motoruntersetzung zu reduzieren.

Mittelmotor bei Kettenschaltung

Die Berechnung einer angepassten Motorübersetzung bei Kettenschaltung unterscheidet sich nur leicht von der der Nabenschaltung.

$$\omega_{MMotor} = z_{MMotor}\, z_{Kette}\, \frac{\dot{x}}{r_H} \qquad (4.40)$$

Die schaltbare Kettenübersetzung bewegt sich üblicherweise im Bereich zwischen 0.5 und 3.0. Zur Motorgetriebeauslegung ist wieder nur der höchste Gang relevant.

$$z_{MMotor} = \frac{\omega_{MMotor,nenn}\, r_H}{z_{Kette,min}\dot{x}} \qquad (4.41)$$

Nabenmotoren

Die gesuchte Übersetzung eines Nabenmotors lässt sich nach folgender Gleichung ermitteln:

$$z_{NabenMotor} = \frac{\omega_{MMotor,nenn}\, r_H}{\dot{x}} \qquad (4.42)$$

Direktläufer haben eine Übersetzung von 1.

4.8 Bremse

Theorie

Die Fahrradbremse hat die Aufgabe, die Fahrradgeschwindigkeit auf Wunsch des Fahrers zu verringern. Dies geschieht beim normalen Fahrrad über Reibbremsen an der Felge, welche die kinetische Energie der sich bewegenden Masse in thermische Energie umwandeln. Einige Pedelecs nutzen bereits die Möglichkeit, die kinetische Energie über die verbauten Motoren zu rekuperieren, also in elektrische Energie umzuwandeln. Diese Energie wird in die Antriebsbatterie zurückgeführt, wobei die Menge der Energie, die in einer bestimmten Zeit gespeichert (in chemische Energie umgewandelt) werden kann, begrenzt ist. Diese Leistungsbegrenzung führt beim Pedelec dazu, dass zur maximalen Energierückgewinnung ein langer

Bremsweg notwendig ist. Mithilfe sog. Superkondensatoren, deren Leistungsdichte ein Vielfaches höher als die herkömmlicher Akkus ist, kann dieses Problem gelöst werden. Für die weiteren Überlegungen zum Bremssystem wird zugrunde gelegt, dass ein Energiespeichersystem vorhanden ist, das unbegrenzt Energie und Leistung aufnehmen kann. Eine genauere Betrachtung der Energiespeicher befindet sich in Abschnitt 4.9.

Da die elektrische Bremswirkung mit abnehmender Fahrgeschwindigkeit sinkt, ist zusätzlich immer eine mechanische Bremse notwendig. Im Optimalfall, welcher hier modelliert werden soll, setzt sie nur ein, wenn die elektrische Bremse unzureichend ist. Praktisch kann dies mit einem Zweibereichsbremshebel realisiert werden. Ein solcher hypothetischer Handbremshebel wird wie eine normale Fahrradbremse bedient, steuert allerdings sowohl die elektrische als auch die mechanische Bremse. Bis zu einem bestimmten Punkt, welcher z.B. als Raststufe spürbar sein kann (Fahrerfeedback), wirkt nur die elektrische Bremse. Beim darüber hinausgehenden Anziehen der Bremse wird die mechanische Bremse addiert. Ab welchem Punkt die elektrische Bremswirkung zu niedrig wird und Energiedissipation in Kauf genommen wird, entscheidet damit der Fahrer und kann stufenlos die mechanische Bremse hinzu dosieren.

Implementierung

Im Modell (Abbildung 4.22) gibt der Fahrer mittels eines Bremshebels ein Soll-Bremsmoment (welches dem subjektiven Bremswunsch des Fahrers entspricht) vor, welches als Eingangswert für den Motorregler dient. Der Motor geht in den Generatorbetrieb, d.h. die in die Motorwicklung induzierte Spannung wird höher als die vom Motorregler festgelegte Phasenspannung. Damit dreht sich der Stromfluss und nach Gleichung (4.6) wird ein negatives Drehmoment erzeugt, welches das Fahrrad abbremst. Ist die Bremsbeschleunigung zu schwach, wird der Fahrer den Bremshebel stärker betätigen. Die angelegte Phasenspannung wird niedriger geregelt, der Motor erzeugt ein höheres Bremsmoment. Reicht die elektrische Bremsung nicht aus, wird die Reibbremse dazugeschaltet. Das mechanische Bremsmoment ergibt sich also aus Wunschbremsmoment abzüglich Motorbremsmoment. In der Praxis kann dies entweder direkt durch den Fahrer geregelt werden (Zweibereichsbremshebel) oder automatisiert über Servomotoren o.ä. erfolgen. Nach diesem beschriebenen Prinzip wird die maximal mögliche Energie rekuperiert, ohne dabei den Fahrer einzuschränken oder seine Sicherheit zu gefährden.

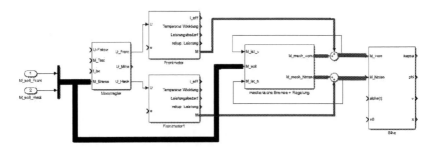

Abb. 4.22 Simulink-Schema des Bremssystems: Es wird ein Sollmoment (dick schwarz) vorgegeben, der Motorregler regelt entsprechende Motorspannung ein, Motor erzeugt elektrisches Bremsmoment (dünn grau), abhängig von Soll-Moment und Ist-Moment wird mechanisches Bremsmoment (dick grau) hinzu addiert. Der hier dargestellte Motorregler (links) wurde später in Controller und einen für jeden Motor separaten Regler unterteilt, was aber zugunsten der besseren Übersicht in dieser Abbildung nicht aktualisiert wurde.

Zur automatisierten Bremsregelung sind zusätzliche Aktoren und Regelelektronik notwendig. Bei Ausfall des Systems ist zudem die Funktion der Fahrradbremse nicht mehr gegeben. Es entsteht ein erhebliches Sicherheitsrisiko, wenn das Rad beim plötzlichen Wegfall der Versorgungsspannung entweder unerwartet und stark bremst, oder eine Bremsung gar nicht mehr möglich ist. Daher wird das Konzept der manuellen Bremsregelung über den bereits erwähnten Zweibereichshebel weiter verfolgt.

Abbildung 4.23 zeigt das implementierte Modell: Eingangsgrößen sind das am Bremshebel vorgegebene Soll-Bremsmoment sowie das vom Fahrer gefühlte Ist-Bremsmoment. Dieses Ist-Moment wird (für jedes Rad separat) vom gewünschten Soll-Moment subtrahiert, es ergibt sich die Regelabweichung. Es folgt ein PI-Regler und die Regelstrecke, deren Parameterbestimmung weiter unten folgt. Der *Wrap to Zero* -Block im Ausgang verhindert, dass positive mechanische Bremsmomente ausgegeben werden, z.B. falls das anliegende elektrische Bremsmoment größer als das Sollbremsmoment wird. Der gleiche Block im Eingang verhindert eine Eliminierung des Antriebsmomentes bei nicht Benutzung der Bremse. Der Regler besitzt außerdem ein externes Reset des I-Anteils, der beim

vollständigen Lösen der Bremse getriggert wird und einen Einfluss der „Vorge-
schichte" auf das Regelverhalten unterbindet. Ein Absperren des I-Anteils bei Null
verhindert Wind-Up-Effekte. Ausgegeben wird letztendlich das mechanische Ist-
Bremsmoment, zu welchem außerhalb des Blocks das elektrische Moment, welches in diesem Zusammenhang als Störgröße aufgefasst werden kann, addiert wird
(Abbildung 4.22). Die Summe wird an das kinetische Fahrradmodell weiterge-
reicht und als Eingangsgröße an den Bremsalghorithmus zurückgegeben.

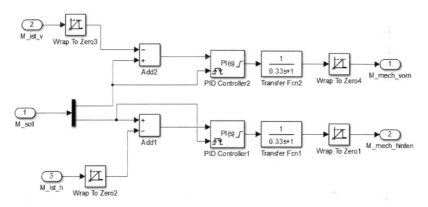

Abb. 4.23 Subsystem der mechanischen Bremse und der menschlichen Regelung

Bremsreglereinstellung

Der Bremsregler ist der Mensch. Nun ist es immer schwierig, menschliche Ver-
haltensweisen in einem mathematischen Modell abzubilden. Um dennoch zumindest den Versuch zu unternehmen, eine einfache Bremsregelung auszulegen, sind
einige Vereinfachungen anzunehmen: Der Fahrer kann in der Realität nicht unterscheiden, von welchem Rad das Bremsmoment ausgeht, ebenso spürt er dieses
Bremsmoment (eigentlich die Bremsbeschleunigung) nur sehr schwammig. Dies
wird im Modell ignoriert, praktisch könnte man sich technisches Feedback wie
eine Displayausgabe des Ist-Momentes und einen sehr geübten und technisch ver-
sierten Fahrer vorstellen. Letztenendes erachtet der Autor die vorgenommene Modellierung für den beabsichtigten Zweck als hinreichend realistisch.

Wird dem Fahrer unterstellt, dass er zum Einstellen der korrekten Bremshebel-position (95 % der Zielposition) eine Sekunde benötigt, ergibt sich für die Regel-strecke die Zeitkonstante $T_{S,B} = 0.33\,\text{s}$. Übt der Fahrer ein sanftes Bremsverhal-ten aus und kann so ein zu festes Anziehen der Bremse (Überschwingen) vermei-den, so kann die Nachstellzeit $T_{N,B}$ des Reglers mit der Zeitkonstante der Strecke gleichgesetzt werden. Für den offenen Regelkreis gilt dann

$$G_o(s) = F_R(s)F_S(s) = K_P \frac{sT_{S_B}+1}{sT_{S_B}} \frac{1}{sT_{S_B}+1} = \frac{K_P}{sT_{S_B}} \tag{4.43}$$

und für den geschlossenen Regelkreis

$$G(s) = \frac{G_o(s)}{1+G_o(s)} = \frac{1}{s\frac{T_{S_B}}{K_P}+1} \tag{4.44}$$

Für eine Regelzeitkonstante von $0.33\,\text{s}$ ergibt sich damit eine Reglerkonstante $K_P = 1$. Zur Verifizierung der mechanischen Bremse werden drei Szenarien be-trachtet:

Repräsentativer Bremsvorgang

Der Anfangszustand ist ein normaler Fahrbetrieb. Es wirkt ein antreibendes po-sitives Motormoment, das Sollbremsmoment ist Null. Bei $t = 10\,\text{s}$ wird das An-triebsmoment Null (der Tretvorgang wird eingestellt), zwei Sekunden später wird ein konstantes Sollbremsmoment von $-20\,\text{Nm}$ eingestellt. Gleichzeitig wirkt als Störgröße ein linear steigendes (sich Null annäherndes) elektrisches Bremsmo-ment, welches mit einem zu hohen Bremsmoment von $-30\,\text{Nm}$ startet. Sobald das Motorbremsmoment den Wert Null erreicht (was Stillstand entspricht), ist der Bremsvorgang abgeschlossen. Das Soll-Bremsmoment wird Null gesetzt und ein positives, beschleunigendes Motormoment liegt an. Der beschriebene Verlauf wird in Abbildung 4.24 links visualisiert.

Abbildung 4.24 rechts zeigt die Ergebnisse: Das mechanische Bremsmoment (graue, dicke Funktion) sollte wie bereits erwähnt die Differenz aus Sollmoment und elektrischem Moment (schwarze, dünne Funktion) sein: Praktisch eilt es dem Differenzbetrag leicht hinterher, was auf die Zeitkonstante der Regelstrecke (Re-gelverzögerung des Fahrers) zurückzuführen ist. Zudem sind deutlich die beab-

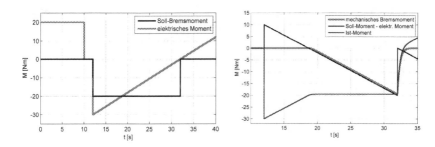

Abb. 4.24 Simulationsergebnisse des repräsentativen Bremsvorganges: links Vorgabewerte, rechts Ausgabewerte (Ausschnitt)

sichtigten Unregelmäßigkeiten zu erkennen: Kurz nach dem Start des Bremsvorganges bei $t = 12$ s ist das elektrische Bremsmoment betragsmäßig größer als das Soll-Bremsmoment. Da eine mechanische Bremse allerdings kein beschleunigendes Moment aufbringen kann, fällt das Ist-Moment und damit auch die Bremswirkung zu hoch aus.

Dynamisches Verhalten

Als zweiter Test wird das dynamische Verhalten der Bremsregelung untersucht. Dazu wird im ersten Test das Führungsverhalten untersucht, indem ein wechselndes Soll-Bremsmoment angelegt wird, dessen zufälliger diskreter Wert sich alle zwei Sekunden ändert. Das elektrische Moment bleibt derweil konstant. Der zweite Test untersucht das Störverhalten, indem nun das Soll-Moment konstant ist und das elektrische Moment pulsiert. Abbildung 4.25 zeigt, dass die Ergebnisse sehr gut mit den Vorgaben übereinstimmen.

4.9 Energiespeicher

Der folgende Abschnitt beschreibt die Herleitung und Implementierung eines dualen Energiespeichersystems. Es wird dabei weniger auf die elektrochemischen

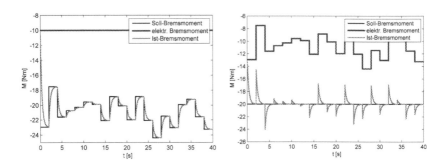

Abb. 4.25 Regelgüte des Bremsreglers: links Führungsverhalten, rechts Störverhalten

Vorgänge als mehr auf die sinnvolle, anwendungsorientierte Nutzung eingegangen.

Das System setzt sich aus den Baugruppen Lithium-Mangan-Batterie, Superkondensator und Leistungsflusssteuerung zusammen. Abbildung 4.26 zeigt die allgemeinste und umfangreichste Möglichkeit der Verknüpfung der Motoren mit den Energiespeichern. Über eine konstante Zwischenkreisspannung U_{zk} können alle Motoren unabhängig voneinander mit verschiedenen Phasenspannungen arbeiten. Die benutzten idealen Gleichspannungswandler weisen keine zeitlichen Verzögerungen auf, es wird allerdings ein Wirkungsgrad von $\eta_W = 95\,\%$ angenommen.

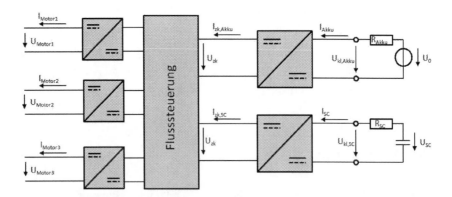

Abb. 4.26 Blockschaltbild des Energiespeichersystems. Rechts oben: Batterie. Rechts unten: Superkondensator. Mitte: Leistungsflusssteuerung. Links: Leistungselektronik der Motoren

4.9.1 Batterie

Der Gleichstromwandler der Batterie wandelt die anliegende Batterieklemmspannung in die gewünschte Zwischenkreisspannung, bzw. im Betriebszustand der Rekuperation die anliegende Zwischenkreisspannung in eine Ladespannung um. Ungeachtet der genauen Funktionsweise gilt

$$U_{zk} I_{zk,Akku} = \eta_W U_{kl,Akku} I_{Akku} \tag{4.45}$$

U_{zk} ist die Spannung des Zwischenkreises, $I_{zk,Akku}$ ist der Strom, welcher die Leistungsflusssteuerung dem Akku „zuteilt". Der Maschensatz des Akkus liefert

$$U_{kl,Akku} = U_0 - R_{Akku}I_{Akku} \tag{4.46}$$

U_0 ist die Spannung der idealen Spannungsquelle, bei Leerlauf entspricht sie der Klemmspannung $U_{kl,Akku}$. Gleichung (4.46) liefert eingesetzt in Gleichung (4.45) den Entladestrom der Batterie. Positive Ströme und Leistungen werden als Leistungsfluss von Akku zu Motor definiert, negative als rekuperative Ladeströme/-leistung.

$$I_{Akku,+} = \frac{U_0}{2R_{Akku}} - \sqrt{\left(\frac{U_0}{2R_{Akku}}\right)^2 - \frac{U_{zk} I_{zk,Akku}}{\eta_W R_{Akku}}} \tag{4.47}$$

Für Ladeströme ($I_{Akku} < 0$) gilt grundlegend dieselbe Herleitung, nur η wandert in den Zähler.

$$I_{Akku,-} = \frac{U_0}{2R_{Akku}} - \sqrt{\left(\frac{U_0}{2R_{Akku}}\right)^2 - \frac{\eta_W U_{zk} I_{zk,Akku}}{R_{Akku}}} \tag{4.48}$$

Der fließende Akkustrom entspricht der Änderung der elektrischen Ladung im Akku. Der Wirkungsgrad einer Batterie, also der Quotient aus entnommener und eingeladener Energie, wird in [32] mit über 95% angegeben. Dieser Wert wird in der späteren Verifizierung durch den ohmschen Widerstand erreicht, auf einen zusätzlichen Ladefaktor kann also verzichtet werden.

$$I_{Akku} = -\frac{dQ_{Bat}}{dt} \tag{4.49}$$

Für positive Ströme erhält man mit Q_0 als Ladung zum Startzeitpunkt die aktuelle
Ladung der Batterie.

$$Q_{Bat,+} = \int\limits_{0}^{t} \left(\frac{U_0}{2R_{Akku}} - \sqrt{\left(\frac{U_0}{2R_{Akku}}\right)^2 - \frac{U_{zk}\,I_{zk,Akku}}{\eta_W\,R_{Akku}}} \right) dt + Q_{0,Bat} \qquad (4.50)$$

Den Ladezustand der Batterie erhält man durch Division der aktuellen mit der
maximalen Ladung.

$$Q_{rel,Bat} = \frac{Q_{Bat}}{Q_{max,Bat}} = 0...1 \qquad (4.51)$$

Von diesem Ladezustand ist die in Gleichung (4.46) eingeführte Idealspannung
U_0 abhängig. Eine Zelle einer Lithium-Mangan-Batterie mit einer Nennspannung
von 3.7 V hat im Leerlauf eine Ladeschlussspannung ($Q_{rel,Bat} = 1$) von etwa 4.2 V,
welche mit abnehmender Ladung auf rund 3.5 V linear sinkt [33]. Bei weiterer Ent-
ladung fällt die Spannung stark ab, die Batterie wird tiefentladen und möglicherweise irreparabel beschädigt. Daher wird die Batterie bei Erreichen der Entlade-
schlussspannung von 3.5 V als leer definiert ($Q_{Bat} = Q_{rel,Bat} = 0$) und eine weitere
Ladungsentnahme durch ein Batteriemanagementsystem (BMS) unterbunden.

Gleichung (4.50) sowie eine Fallunterscheidung für die Lade- bzw. Entladeströ-
me werden in Matlab implementiert. Einzige verbleibende Eingangsgröße ist die
aufzunehmende bzw. abzugebende Leistung ($P = U_{zk}\,I_{zk,Akku}$). Ausgangsgrößen
sind der aktuelle Ladezustand, mit dessen Hilfe später eine Abschaltung des Motors bei leerem oder vollen Akku erfolgen kann, sowie zu Informationszwecken
die aktuelle Batteriespannung (als Funktion vom Ladezustand) und der fließende
Strom.

Die für die Batterie benötigten Parameter sind:

- Wirkungsgrad des Wandlers: wird mit 95 % angenommen.
- Anzahl der Zellen: Die stärksten am Markt erhältlichen Pedelecakkus haben
  eine Nennspannung von 48 V, geteilt durch die Spannung einer LiMn-Zelle
  (3.7 V) erhält man 13 in Reihe geschaltete Zellen.
- Innenwiderstand: Das Pedelec- Tool EPACsim [34] zeigt, dass bei den betrachteten Batterietypen durchschnittlich 0.25 Ω üblich sind.
- Kapazität: Die maximale elektrische Ladung wird mit 32 Ah anhand des Lastenpedelec *iBullit* [35] vorausgelegt.

Bei 250 W Nenndauerleistung des Motors sollte der Akku mit den angegebenen Daten gut 6 Stunden (389 min) Energie liefern ($U_{50\%} = 50.7\,\text{V}$). Das implementierte Modell errechnet eine Akkulaufzeit von 360 Minuten (Abbildung 4.27), die Verkürzung ist bedingt durch Umrichter- und Widerstandsverluste. Umgedreht dauert das Laden des Akkus mit gleicher Leistung 419 Minuten.

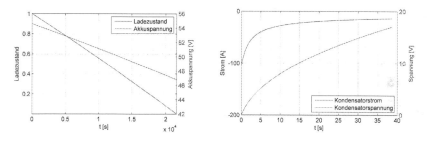

Abb. 4.27 Links: Entladen einer Batterie mit 250 W. Rechts: Laden eines Superkondensators

4.9.2 Superkondensator

Das Betriebsverhalten eines Superkondensators lässt sich nach dem Algorithmus der Batterie, wie in Abschnitt 4.9.1 beschrieben, herleiten. Einziger Unterschied besteht in der quasi konstanten Idealspannung U_0 der Batterie, welche hier durch die Kondensatorspannung $U_{SC} = \frac{Q_{SC}}{C_{SC}}$ ersetzt wird.

$$Q_{SC,+} = \int\limits_0^t \left(\frac{Q_{SC}}{2R_{SC}C_{SC}} - \sqrt{\left(\frac{Q_{SC}}{2R_{SC}C_{SC}} \right)^2 - \frac{U_{zk}\,I_{zk,SC}}{\eta_W\,R_{SC}}} \right) dt + Q_{0,SC} \qquad (4.52)$$

Der Kondensator soll so bemessen sein, dass er mindestens die komplette bei einem Bremsvorgang frei werdende kinetische Energie speichern kann. Diese beträgt bei einem Pedelec mit einer Masse von 200 kg und einer Fahrgeschwindigkeit von 25 km h^{-1} rund 5 kJ. Passend ist z.B. das *16V Small Cell Module* der Firma Maxwell [16]: Bei 16 V Nennspannung und einer Kapazität von 58 F hat er ein Energiespeichervermögen von 7.5 kJ. Mit einer Masse von nur 630 Gramm und kompakten Abmessungen (23 cm $*$ 5 cm $*$ 8 cm) ist er leicht z.B. in der Transportbox unterzubringen. Möchte man einen idealen Kondensator dieser Kapazität mit 250 W bis zur Nennspannung laden benötigt man rechnerisch 30 s. Das implementierte Modell berücksichtigt ohmsche sowie Umrichterverluste und gibt eine Ladezeit von 34 s aus. Leckströme werden vernachlässigt. Beim Entladen ist zu beachten, dass nicht die komplette gespeicherte Ladung abgegeben werden kann. Im Modell wird festgelegt, dass die Spannung auf einen Minimalwert von 20 % der Nennspannung absinken darf.

$$U_{SC,min} = 0.2\,U_{nenn} = 3.2\,\text{V} \qquad (4.53)$$

4.9.3 Flusssteuerung der Speicherströme

Die Flusssteuerung regelt nach einem festgelegten Algorithmus die Verteilung der Ströme auf Akku und Superkondensator. Die dazu zu jedem Zeitpunkt benötigten Informationen sind die benötigte bzw. rekuperierte Leistung im Zwischenkreis

$$P_{zk} = U_{zk}(I_{zk,Akku} + I_{zk,SC}) = P_{Akku} + P_{SC} \qquad (4.54)$$

sowie die Ladezustände Q_{rel} der beiden Speicher. Hinzu kommen die maximal möglichen Leistungsaufnahmen ($P_{max,-}$) bzw. Abgaben ($P_{max,+}$).

Entladen ($P_{zk} > 0$)

Bei Motorbetrieb soll vorrangig der Superkondensator entladen werden. Sobald sich dieser seiner Minimalspannung nähert, soll die Batterie die benötigte Leistung liefern. Um einen harten Übergang zu vermeiden wird der Anteil der Superkondensatorleistung an der Gesamtleistung mit einer Exponentialfunktion bestimmt. Der Divisor bestimmt dabei, wie früh die Batterie aushilft. Im Modell hat sich ein Wert von $f = 0.1$ bewährt. Der Subtrahend 0.2 im Zähler des Exponenten repräsentiert die relative Restladung nach Gleichung (4.53).

$$P_{SC,+} = P_{zk}(1 - e^{-\frac{Q_{rel,SC}-0.2}{f}}) \qquad (4.55)$$

Die Batterieleistung ergibt sich aus der Differenz von Gesamtleistung und Kondensatorleistung.

$$P_{Bat,+} = P_{zk} - P_{SC,+} = P_{zk}\, e^{-\frac{Q_{rel,SC}-0.2}{f}} \tag{4.56}$$

Laden ($P_{zk} < 0$)

Wird der Motor als Generator betrieben muss die rekuperierte Energie gespeichert werden. Dies sollte primär im Superkondensator geschehen, da so die in den erreichbaren Ladezyklen stark begrenzte Batterie geschont wird und deren Lebensdauer verlängert wird. Sobald der Superkondensator komplett geladen ist, kann die restliche Leistung in die Batterie zurückgeführt werden, was durch die Dimensionierung des Supercaps allerdings nur bei langen Talfahrten erwartet wird. Wie beim Entladevorgang wird eine Exponentialfunktion in Abhängigkeit vom Ladezustand des Supercaps genutzt, wobei die Ladeleistung des Supercaps bei quasi 100 % der rekuperierten Leistung beginnt und bei Erreichen eines Ladezustandes des Superkondensators von 1 bis auf 0 % abgesunken ist.

$$P_{SC,-} = P_{zk}(1 - e^{-\frac{1-Q_{rel,SC}}{f}}) \tag{4.57}$$

Der Ladestrom der Batterie ergibt sich wieder aus der Differenz von Gesamtleistung und Kondensatorleistung.

$$P_{Bat,-} = P_{zk} - P_{SC,-} = P_{zk}\, e^{-\frac{1-Q_{rel,SC}}{f}} \tag{4.58}$$

Abbildung 4.28 zeigt die beschriebene Verteilung bei Leistungsentnahme, zwischenzeitlicher Rekuperation und anschließender weiterer Leistungsentnahme.

Batteriemanagementsystem

Ein Batteriemanagementsystem (BMS) ist notwendig, um die Energiespeicher vor unzulässigen Betriebsbedingungen zu schützen. Dazu gehört das Einhalten von Leistungsbegrenzungen beim Laden und Entladen, ein Ausgleichen der einzelnen

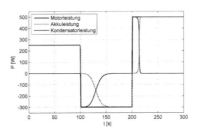

Abb. 4.28 Leistungsverteilung der Motorleistung auf Batterie und Superkondensator

Zellspannungen („balancing") sowie ein thermisches Management. Ist ein kritischer Betriebszustand erreicht (z.b. maximaler Ladestrom der Batterie), wird über ein Signal der Controller angewiesen, diesen Zustand zu beheben (z.b. Verringern der Motorbremsleistung), was zu Einschränkungen in der Nutzung des Pedelecs führt (Motorbremse nur begrenzt nutzbar). Letztendlich führen alle betrachteten kritischen Betriebszustände zu einer Beschränkung des Motorstromes in positiver oder negativer Richtung. Folgende Grenzzustände treten dabei auf:

- Allgemeine Motorstrombegrenzung auf $\pm 30\,\text{A}$ ($\pm 15\,\text{A}$ bei Mehrmotorbetrieb) zum Schutz der elektrischen Bauelemente und des Akkus
- Abschalten des Antriebes $P_{zk,max} = 0\,\text{W}$ bei aufgebrauchten Energievorräten
- Abschalten der Rekuperation $P_{zk,min} = 0\,\text{W}$ bei vollen Energiespeichern
- Begrenzung der Rekuperation auf die maximale Batterieladeleistung $P_{zk,min} = P_{Bat,-,max}$ bei vollem Superkondensator

Auf ein thermisches Modell des Speichers wird verzichtet, da beim Einhalten der herstellerseitigen Vorgaben zu den Maximalleistungen nicht mit einer Überhitzung zu rechnen ist. Abbildung 4.29 zeigt das fertige Simulinkmodell.

4.10 Controller

Der Controller ist das Gehirn des Antriebsstranges. Er legt fest, welcher Motor wann und wie angetrieben wird, kommuniziert mit dem Fahrer und schützt das System vor kritischen Betriebszuständen. Abbildung 4.30 zeigt die in den Con-

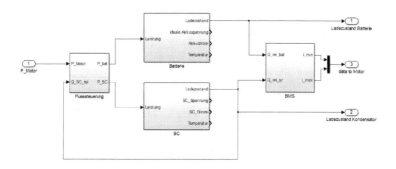

Abb. 4.29 Simulink-Modell des Energiespeichersystems

troller ein- und ausgehenden Signale. Wichtigste Ausgangssignale sind die Soll-Drehmomente der drei möglichen Motoren, Front- Mittel- und Heckmotor.

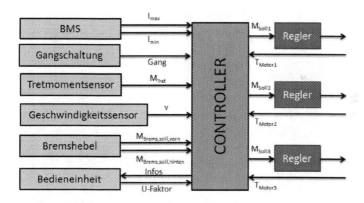

Abb. 4.30 Signalflüsse um den Controller

Antriebs Soll-Moment

Auf dem Markt sind aktuell drei Motorsteuerungskonzepte erhältlich, wobei allen gemeinsam ist, dass zur Freigabe der Motorleistung aus rechtlichen Gründen die Pedale bewegt werden müssen.

- Manuelle Motorsteuerung über Handgriff oder Daumengas: Hierbei wird der Motor wie beim Motorrad über einen drehbaren Handgriff o.Ä. direkt und unabhängig der Tretleistung angesteuert. So können zur Motorfreigabe bei einigen Pedelecs die Pedale auch ohne nennenswerten Kraftaufwand rückwärts in den Freilauf bewegt werden, so dass der Elektromotor die komplette Fahrleistung bringt. Schwierigkeiten treten beim Abbiegen auf, da zum Geben eines Handzeichens der Lenker losgelassen werden muss.

- Halbautomatische Motorsteuerung: In der Bedienkonsole wird die gewünschte Leistungsstufe eingestellt (Eco, Normal, Turbo, etc.) und bei Erkennen einer Tretbewegung wird der Motor, unabhängig von der Tretkraft, in der eingestellten Leistung betrieben. Da die Tretbewegung meist von Hallsensoren an der Tretkurbel erfasst wird, tritt eine Verzögerung des Freigabesignals von etwa einer halben Pedalumdrehung auf. Dies kann zu ernsthaften Problemen führen: Ist ein verspätetes Einschalten des Motors beim Losfahren nur ein kleiner Abstrich beim Komfort birgt es bei verzögerter Abschaltung im Notfall ein hohes Unfallpotential.

- Vollautomatische Motorsteuerung: In der Bedienkonsole wird ein gewünschtes Unterstützungsniveau (Eco, Normal, Turbo, etc.) eingestellt, wobei jeder Stufe ein Unterstützungsfaktor (0.35 bis 3 bei *BionX* [36]) zugewiesen ist. Im Antriebsstrang der Tretleistung, meist in der Tretlagerwelle, ist ein Drehmomentsensor integriert, welcher das Tretmoment des Fahrers dauerhaft erfasst. Das Soll-Motormoment ist im einfachsten Fall das Produkt aus Unterstützungsfaktor und Tretmoment.

Im Modell wird die vollautomatische Motorsteuerung umgesetzt, da sie die sicherste und zukunftsorientierteste Ansteuerung darstellt. Der Fahrer muss keine neuen Bedienvorgänge erlernen, was den Einstieg erleichtert und eine Fehlbedienung quasi unmöglich macht. Ein weiterer Vorteil ist der Wegfall des relativ trägen Bewegungssensors an der Kurbel, dessen Funktion (Erkennung der Fahreraktivität) durch die Drehmomentsensoren übernommen werden kann.

Das Tretmoment des Fahrers ergibt sich im Modell aus der gegeben, quasikonstanten Tretleistung.

$$M_{Tret} = \frac{P_{Tret}}{\omega_{Tretlager}} \tag{4.59}$$

Da bei niedrigen Geschwindigkeiten ein unrealistisch hohes Tretmoment entsteht, wird es nach oben begrenzt. Kriterium ist das entstehende Hebelmoment, welches aus der Gewichtskraft des Fahrers und der Länge der Kurbel entsteht.

$$M_{Tret,max} = 80\,\text{kg} \cdot 9.81\,\text{m/s}^2 \cdot 0.19\,\text{m} = 150\,\text{Nm} \tag{4.60}$$

Der Wert des Soll-Momentes wird wie in Abbildung 4.31 dargestellt als Produkt aus Tretmoment und Unterstützungsfaktor errechnet. Das sich ergebende Sollmoment wird mit einem Faktor zwischen 0 und 1 für die Geschwindigkeitsdrosselung und einem weiteren für die Abschaltung des Antriebs bei aufgebrauchten Energiereserven multipliziert. Ein Schalter dient zur Stilllegung des Antriebes, sobald ein Soll-Bremsmoment vorliegt. Die Verteilung des Antriebsmomentes auf die drei möglichen Motoren ist im Beispiel als konstanter, reiner Heckantrieb dargestellt. Hier liegt der Kern der folgenden Simulation der Antriebsstrategien. Nicht dargestellt, aber implementiert, ist die Drosselung der Motoren aufgrund der Temperaturüberwachung.

Bei einem Unterstützungswunsch von 2 soll die doppelte Antriebskraft des Fahrers vom Motor zugeführt werden. Erzeugt der Fahrer eine Antriebskraft von 20 N und beträgt der Unterstützungswunsch 2, so soll der elektrische Antrieb eine Antriebskraft von 40 N erzeugen. Je nach Motorposition und folgendem Antriebsstrang (Übersetzung) ergeben sich so unterschiedliche Sollmomente. Um sicherzustellen, dass tatsächlich die gewünschte Antriebskraft erzeugt wird, muss das Sollmoment am Vorderrad mit der aktuellen Gangübersetzung, der Kettenübersetzung und dem Verhältnis $\frac{r_V}{r_H}$ multipliziert werden. Beim Heckmotor entfällt der Quotient der Radien. Für den Mittelmotor muss keine weitere Anpassung erfolgen, da die Übersetzungen der Leistungsflüsse dieselben sind.

Brems Soll-Moment

Das modellierte Pedelec besitzt die Möglichkeit der Nutzbremsung, d.h. neben den obligatorischen mechanischen Bremsen können auch die verbauten Motoren als Generator betrieben werden, um kinetische Energie in die Energiespeicher zurückzuführen. Damit wird die Reichweite des Fahrzeuges erhöht und der Verschleiß der Bremsen verringert. Die maximale Bremswirkung wird mit nega-

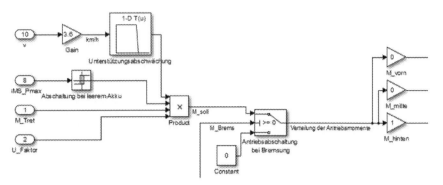

Abb. 4.31 Links: Berechnung des Antriebsmomentes in Abhängigkeit von Tretmoment (Port1), Unterstützungsfaktor (Port2), Ladezustand der Batterie (Port 8) und Geschwindigkeit (Port 10). Mitte: Antriebsabschaltung bei Bremsbetätigung. Rechts: konstante Verteilung der Antriebsmomente auf die Motoren (K)

tiven Klemmspannungen erreicht (Gegenstrombremsung), allerdings wird dabei zusätzliche Energie benötigt und die Motoren thermisch stark belastet. Beträgt die Klemmspannung bei laufendem Motor $0\,V$, wird die komplette kinetische Energie im Leiterwiderstand der Motorwicklung dissipiert. Eine Energierückgewinnung ist nur mit positiven Klemmspannungen möglich, wobei diese niedriger als die für eine konstant bleibende Drehzahl notwendige Spannung sein muss. Dann fließt laut Gleichung (4.28) ein negativer Strom, was ein negatives inneres Moment und damit ein Bremsen hervorruft. Der optimale Betrag der positiven Klemmspannung zur maximalen Energieausbeute beim Nutzbremsen wird im Folgenden ermittelt.

Die elektrische Leistung ist das Produkt aus Spannung und Strom, mit Gleichung (4.28) entsteht

$$P_{Rekup} = I\,U_{Klemm} = \frac{1}{2R_M}U_{Klemm}^2 - \frac{k_e\,\omega_M}{2R_M}U_{Klemm} \qquad (4.61)$$

Der Abschwächungsfaktor f wird an dieser Stelle vernachlässigt. Die maximale Energie wird zurückgewonnen, wenn die (negative) Leistung minimal wird. Für eine gegebene Drehzahl kann das Minimum aus der zu Null gesetzten Ableitung der Funktion nach der Spannung ermittelt werden.

$$0 = \frac{d\,P_{Rekup}}{d\,U_{Klemm}} \qquad (4.62)$$

Nach kurzem Umstellen ergibt sich für die von der Motordrehzahl abhängige optimale Bremsspannung

$$U_{Klemm} = \frac{k_e}{2} \omega_M \qquad (4.63)$$

Mit Gleichung (4.28) und (4.33) gilt für das optimale Bremsmoment

$$M_{Brems,max} = -\frac{k_e\, k_f\, z_{Motor}}{4\, R_M} \omega_M \qquad (4.64)$$

Der Controller nutzt diesen drehzahlabhängigen Wert als maximales Bremsmoment pro Motor und begrenzt damit die elektrische Bremswirkung. Sollte der Bremswunsch darüber hinaus gehen, was offensichtlich insbesondere bei niedrigeren Drehzahlen schnell der Fall ist, wird die Differenz gemäß Abschnitt 4.8 von der mechanischen Bremse beigesteuert. Deren Hilfe wird auch bei überhitztem Motor notwendig, da die Temperaturüberwachung das elektrische Bremsmoment begrenzt. Nicht zuletzt erhitzt auch das rekuperative Bremsen den Motor.

Geschwindigkeitsbegrenzung

Bereits kurz erwähnt wurde die meist am Rad gemessene Geschwindigkeit. Aufgrund der gesetzlichen Deckelung der Unterstützungsgeschwindigkeit auf 25 km/h (+ 2 km/h Toleranz) werden die Sollmotormomente mit einem geschwindigkeitsabhängigen Faktor zwischen 0 und 1 multipliziert. Um einem abruptem Abschalten das Motors und einem möglicherweise daraus folgendem Schwingen der Fahrgeschwindigkeit um den Abschaltpunkt vorzubeugen, liegt dieser Faktor im Modell bis 25 km/h bei 1 und sinkt dann linear auf 0 bei 27 km/h. Das Pedelec kann natürlich schneller bewegt werden, allerdings nur noch ohne Motorunterstützung.

Motortemperaturüberwachung

Die meisten Pedelecs verfügen zur Vermeidung von Motorschäden durch Überhitzung über eine Motortemperaturüberwachung. Diese begrenzt den Motorstrom bei Erreichen einer kritischen Temperatur, was insbesondere bei steilen Anstiegen schnell zur Verringerung bis hin zum Ausfall der elektrischen Unterstützung führen kann.

Die einfachste Realisierung ist ein Zweipunktregler mit Hysterese, welcher bei Erreichen der maximalen zulässigen Motortemperatur den Motorstrom auf z.B. Nennstrom begrenzt oder komplett abschaltet. Sobald die Temperatur unter einen sicheren Wert gesunken ist, wird die Beschränkung aufgehoben. Dies führt im Modell allerdings zu einem „schwingenden" Fahren, da die Fahrgeschwindigkeit im Takt der Motorabschaltung mit einer Periodenlänge von etwa einer Minute schwankt.

Deutlich benutzerfreundlicher ist eine sanfte Abschaltung ähnlich der Geschwindigkeitsdrosselung. Ab einer Temperatur etwas unterhalb der Maximaltemperatur (z.B. 100 °C) wird der Motorstrom linear fallend auf ein Maximum begrenzt und erreicht schließlich den Nennstrom bei Maximaltemperatur (130 °C). Im Simulinkmodell regelt sich die Motortemperatur bei dauerhafter Belastung knapp unter der Maximaltemperatur ein (127 °C).

Gerade beim Mehrmotorenantrieb, wie er untersucht werden soll, sind auch deutlich komplexere Strategien denkbar. So könnte ein Motor bewusst bis zur Grenztemperatur überlastet werden und die Antriebsmomenterzeugung dann fließend auf einen zweiten Motor übertragen werden, während der erste abkühlen kann. Ob mit diesem dynamischen Temperaturmanagement allerdings noch die Auflage der maximalen Antriebsleistung von 250 W erfüllt wird ist fraglich.

BMS

Zusätzlich existieren je nach Hersteller und Preiskategorie noch weitere im Controller verarbeitete Signale. Die Kommunikation zum BMS und die maximalen Speicherströme wurde bereits im vorigen Abschnitt erläutert. Eine weitere Aufgabe des BMS ist das Ausgleichen der Zellspannungen („balancing"), um einer Überlastung und einer damit möglicher Zerstörung einzelner Zellen zu verhindern.

Kapitel 5

Simulation

Alle Lastfälle, welche im mathematischen Sinne Anfangswertprobleme darstellen, wurden mit dem expliziten Lösungsalgorithmus *ode45* (Dormand-Prince) mit variabler Schrittweite und einer erlaubten relativen Toleranz von 1/1000 gelöst. Eine Gegenprobe mit dem impliziten Verfahren *ode15s* liefert gleiche Ergebnisse, allerdings in deutlich kürzerer Rechenzeit, wodurch letzteres für das offensichtlich recht steife Modell wohl effizienter ist.

5.1 Fahrstabilität

In diesem Abschnitt wird der Einfluss eines in das Vorderrad integrieren Nabenmotors auf die Fahreigenschaften des Fahrrades untersucht. Dabei sind insbesondere die Auswirkungen auf die Selbststabilisierung von Interesse. Unter der Annahme, dass sich ein selbststabiles Fahrrad subjektiv besser fahren lässt, können so Aussagen über die für die Fahreigenschaften optimale Motorposition getroffen werden. Das Hinterrad ist in den Untersuchungen von untergeordneter Bedeutung, da es an den Rahmen angebunden ist (=hohe Trägheit) und die entstehenden Kreiselmomente deutlich niedriger sind als andere Einflüsse wie die Zentrifugalkraft.

Parametrisierung

Die für die Simulation benötigten Geometrieparameter eines Lastenfahrrades werden aus einem zugearbeitetem CAD-Modell [37] extrahiert. Dieses basiert aufgrund des Fehlens eines Referenzmodells auf Schätzwerten, ist aber mit den Massenvorgaben des Herstellers und Katalogwerten für Einzelteile konsistent und daher für eine überschlägige Untersuchung gut geeignet. Der Schwerpunkt des Hauptkörpers (Rahmen, Last und Fahrer) der Masse m_R wird aus dessen drei Einzelschwerpunkten ermittelt, welche in Tabelle 5.1 zusammengefasst sind: Die Daten des Rahmens (ohne Räder) können leicht aus dem CAD-Modell ausgelesen werden und bedürfen keine weitere Aufarbeitung. Der Schwerpunkt des Fahrers ist geschätzt, das Trägheitsmoment gegen Kippen an [19] und [38] angelehnt. Die Last wird als homogener Quader mit den Abmessungen $0.7\,\mathrm{m}$ x $0.4\,\mathrm{m}$ x $0.4\,\mathrm{m}$ im Lastbereich des Pedelecs definiert. Das resultierende Trägheitsmoment des Hauptkörpers ist die Summe der Einzelmomente unter Beachtung der Steinerschen Anteile.

Das Trägheitsmoment und die Masse für einen Direktläufermotor werden aus den Datenblättern der Firma *Heinzmann* übernommen [14]. Für einen Getriebemotor mit Planetengetriebe wurden keine nutzbaren Daten gefunden. Um dennoch sein Trägheitsmoment, insbesondere das der gegensinnig drehenden Baugruppe, abschätzen zu können, wird zunächst die Kinematik anhand des im Pedelecmarkt weit verbreiteten Motors des chinesischen Herstellers *Bafang* untersucht. Auf einer feststehenden Achse, welche in die Ausfallenden des Fahrrades eingespannt wird, sitzen der Stator des Motors sowie der Planetenradträger. Der Außenläufer des Motors ist mit dem Sonnenrad verbunden und treibt die feststehenden Planetenräder im umgekehrtem Drehsinn an, welche wiederum das Hohlrad und die übergestülpte Nabe antreiben. Diese Nabe ist eingespeicht und ggf. mit dem Kettenblatt verbunden und führt damit dieselbe Bewegung wie das Rad aus. Die Planetenräder, im Beispiel aus Kunststoff, können aufgrund ihrer geringen Masse vernachlässigt werden. Rückwärts drehend sind also nur der Läufer sowie das fest verbundene Sonnenrad. Ihr Trägheitsmoment wird mit Hilfe einer technischen Zeichnung der Einbaumaße [39] grob abgeschätzt und in Tabelle 5.2 zusammengefasst. Die sich dabei ergebende Gesamtmasse (plus Stator, feststehende Achse mit Planetenträger und Kleinteile) stimmt gut mit der realen Masse überein. Nun kann in Anlehnung an Gleichung (2.72) das zum Kreiselmoment wirkende Trägheitsmoment des Motors berechnet werden, welches mit dem Trägheitsmoment des Rades addiert bzw. subtrahiert werden muss. Die Getriebeübersetzung ergibt sich aus dem Quotient von Hohlrad-Innendurchmesser und Sonnenraddurchmesser und beträgt rund 3.5.

$$I_{Bafang,Kreisel} = I_{Nabe} - z_{Motor} \, I_{Laeufer} = -0.00475 \, \text{kgm}^2 \tag{5.1}$$

Der Getriebemotor erzeugt also tatsächlich ein dem Rad entgegengesetztes Kreiselmoment.

Das beim Beschleunigen zu überwindende Trägheitsmoment beträgt

$$I_{Bafang,Beschl} = I_{Nabe} + z_{Motor} \, I_{Laeufer} = 0.011 \, \text{kgm}^2 \tag{5.2}$$

Das Trägheitsmoment um die Querachse $I_{xx}(= I_{zz})$ wird überschläglich für einen Vollzylinder berechnet, da hier neben den bewegten Teilen auch die stehenden Teile mitbeachtet werden müssen.

$$I_{Bafang,xx} = \frac{1}{4}mr^2 + \frac{1}{12}ml^2 = 0.0039 \, \text{kgm}^2 \tag{5.3}$$

$$I_{Direkt,xx} = 0.012 \, \text{kgm}^2 \tag{5.4}$$

Sämtliche zur Simulation der Kinematik notwendigen Parameter sind in Tabelle 5.3 zusammengefasst. Die linke Spalte enthält dabei Werte nach [19] eines klassischen Fahrrades, die rechte Spalte die des Lastenfahrrades *iBullit*. Um die Lenkung per Schubstange möglichst realitätsnah zu implementieren wurde das Trägheitsmoment der Lenkerbaugruppe um die Lenkachse $I_{zz,l}$ deutlich erhöht, da neben den normalerweise bewegten Teilen (Gabel, Vorbau, Lenkstange) nun auch eine Schubstange und die damit einhergehenden Verbindungselemente eine zusätzliche Trägheit verursachen.

Einfluss der Geometrieänderungen

Zu Beginn wird untersucht, welchen Einfluss die veränderten Vorderradparameter (Masse und Trägheitsmoment) auf das Selbststabilisierungsverhalten des Fahrrades haben. Dazu wird der zeitliche Kippwinkelverlauf dreier Systeme verglichen, wobei eines ohne Motor ausgestattet ist, eines mit einem Direktläufer im Vorderrad und ein weiteres mit einem Planetengetriebemotor im Vorderrad. Es wird festgelegt, dass die Motoren keinen Freilauf besitzen und sich reibungsfrei mitdrehen. Die Phasen des Motors sind nicht angeschlossen, die Motoren laufen im Leerlauf und üben kein Beschleunigungs- oder Bremsmoment aus. Wie bereits bei der Verifizierung des Zweiradmodells in Abschnitt 3.4 startet das Fahrrad mit den Anfangsbedingungen $(\kappa_0, \varphi_0, \dot{x}_0) = (0.1, 0.025, 7)$ und rollt dann frei, bis eine kritische Geschwindigkeit unterschritten wird und das Fahrrad fällt. Die dabei entstehenden zeitlichen Verläufe der Kippwinkel sind in Abbildung 5.1 dargestellt. Es wird deutlich, dass alle Systeme stabil sind, wenngleich auch der Einbau eines Motors ins Vorderrad das anfängliche Überschwingen verstärkt und die Frequenz der Schwingung erhöht. Die zusätzliche destabilisierende Wirkung des rückwärts drehenden Getriebemotors ist zwar zu erkennen, aber vernachlässigbar gering.

Einfluss eines Antriebsmomentes

Es wird untersucht, welchen Einfluss ein Antriebsmoment im Vorderrad auf die Selbststabilisierung hat. Dazu werden Einschwingvorgänge eines Fahrrades mit einem Direktläufermotor im Vorderrad bei verschiedenen konstanten Antriebsmomenten verglichen. Wie im vorangegangenen Versuch startet das Zweirad aus einer leichten Kipplage nach links, einem passend dazu eingestellten Lenkeinschlag und einer Anfangsgeschwindigkeit von $7\,\mathrm{m/s}$ $(\kappa_0, \varphi_0, \dot{x}_0) = (0.1, 0.025, 7)$. In den sich ergebenden zeitlichen Kippverläufen (Abbildung 5.2) zeigt sich mit steigendem Antriebsmoment eine Erhöhung des Überschwingens und der Frequenz. Das System bleibt bei der gegebenen Geometrie bis zu einem Antriebsmoment von ca. 86 Nm (nicht dargestellt) stabil, bei höheren Werten stellt sich binnen einer Schwingungsperiode der Lenker quer, womit ein Sturz unvermeidlich wird. Praktisch besitzen die verbauten 250 W- Motoren ein Anlaufmoment von nur rund 40 Nm und sind damit für ein beladenes Lastenpedelec unbedenklich. Diese obere Antriebsmomentgrenze ist unter anderem von der Masse des Rahmens abhängig; betrachtet man ein unbeladenes Lastenpedelec, verliert das Lastenpedelec bereits ab etwa 47 Nm seine Fähigkeit zur Selbststabilisierung. Der Grund für das Aufschwingen durch ein Antriebsmoment liegt in der Längskraft am Radaufstandspunkt, welche über den Nachlauf als Hebel (bei $\kappa \neq 0$) ein Lenkwinkel erhöhendes Drehmoment an der Lenkachse produziert (vgl. Abb. 2.7).

Einfluss eines Bremsmomentes

Im Gegensatz zum Antriebsmoment bewirkt ein Bremsmoment ein Rückstellmoment auf den Lenker in Richtung $\varphi = 0$. Dies wirkt zwar in einem gewissen Rahmen stabilisierend, dennoch verliert der Lenker ab einer kritischen Bremskraft seine Fähigkeit, den zur Selbststabilisierung notwendigen Lenkeinschlag zu realisieren, was letztendlich zum Sturz führt. Abbildung 5.3 verdeutlicht diesen Sachverhalt. Schon ab vergleichsweise geringen Bremsmomenten von rund 7 Nm wird freihändiges Fahren unmöglich und der Gleichgewichtszustand muss komplett vom Fahrer geregelt werden. Dies kann insbesondere bei den weit verbreiteten automatischen Bremsregelungen (z.B. Bremstempomat bei *BionX*) zu gefährlichen Situationen führen, da der Lenker zum Bremsen nicht berührt werden muss.

Zusammenfassung

Wird ein Nabenmotor im Vorderrad eines Fahrrades verbaut, hat dies deutlich spürbare Auswirkungen auf die Fahrdynamik. Dabei ist es unerheblich, ob Direktläufer oder gegensinnig drehende Getriebemotoren verbaut werden. Der Ursprung der Destabilisierung ist die am Radkontaktpunkt zur Fahrbahn auftretende Längskraft, welche das empfindliche dynamische Gleichgewicht aus Zentripetal- und Normalkraft stört. Dabei ist bei der genutzten Parametrisierung besonders das Bremsen am Vorderrad problematisch.

5.2 Elektrischer Antriebsstrang

Neben der Fahrstabilität ist beim Pedelec der elektrische Antriebsstrang von besonderer Bedeutung. In diesem Abschnitt werden mit dem in Kapitel 4 hergeleitetem Simulinkmodell verschiedene Antriebskonfigurationen an repräsentativen Lastszenarien miteinander verglichen. Zudem wird die Sinnhaftigkeit eines Dual-

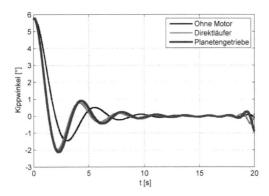

Abb. 5.1 Einschwingvorgang des Lastenfahrrades ohne Antriebsmoment mit verschiedenen Vorderradkonfigurationen

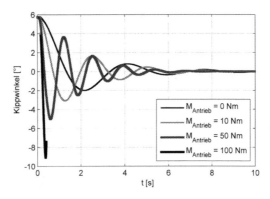

Abb. 5.2 Einschwingvorgang des Lastenfahrrades mit Direktläufer im Vorderrad bei verschiedenen Antriebsmomenten

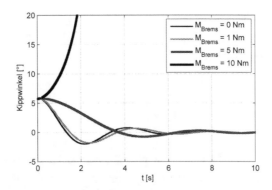

Abb. 5.3 Einschwingvorgang des Lastenfahrrades mit Direktläufer im Vorderrad bei verschiedenen Bremsmomenten

speichersystems untersucht. Bei allen Simulationen wird das Pedelec im labilen Gleichgewicht gestartet $(\kappa_0, \varphi_0, \dot{x}_0) = (0, 0, \dot{x}_0)$, so dass die Fahrstabilität hier keinen Einfluss ausübt und das Fahrrad auch bei niedrigen Geschwindigkeiten, z.B. beim Anfahren, nicht umkippt.

5.2.1 Parametrisierung

Motorkenndaten

Um vergleichbare Ergebnisse zu erhalten werden für alle betrachteten Einbaupositionen (Vorderrad, Tretlager, Hinterrad) dieselben Motordaten genutzt. So kann unter anderem sichergestellt werden, dass die recht subjektive Auslegung der 250 W Nenndauerleistung verschiedener Hersteller keine Auswirkung auf die Simulationsergebnisse hat. „Großzügig" ausgelegte Motoren, z.B. für höhere Umgebungstemperaturen wie Wüstengebiete [25], erhalten so keinen Vorteil.

Repräsentativ für alle Pedelecmotoren wird aufgrund der freien Verfügbarkeit detaillierter Motordaten der Direktläufer *PRA 180-25* der Firma *Heinzmann* genutzt [14]. Der Motor ist für die Anwendung an Pedelecs konstruiert und wird für die Radgrößen 26" und 20" angeboten. Tabelle 5.4 fasst die Kenndaten beider Varianten zusammen. Die Polpaarzahl ist in Anlehnung an den *BionX*-Antrieb [36] geschätzt und die thermischen Kenndaten ergeben sich aus den Daten zum S2 Betrieb. Hierzu wurde über ein Matlab Skript (Anhang B) in einer hinreichenden Genauigkeit ($\Delta R = 0.1$ und $\Delta \tau = 100$) nach Werten für das in Abschnitt 4.5 vorgestellte Zweikörpermodell gesucht, bei welchen am Ende der beiden angegebenen Kurzzeitbelastungen (25 A für 10 Minuten und 33 A für 4 Minuten) eine Temperatur von $130° \pm 5°$ erreicht wird. Als Randbedingung wurde angenommen, dass der gesamte thermische Widerstand bei Dauerbelastung ($R_{WG} + R_{GU}$) wie beim getesteten 250 W *maxon*-Motor konstant bleibt. Die ermittelten thermischen Werte sind für beide Varianten gültig. Für Tretlagermotoren werden die Kenndaten des schneller drehenden Frontmotors genutzt. Nach dem Durchführen erster Simulationen wurde zudem festgelegt, dass letztendlich auch am Hinterrad der 20" Motor genutzt wird, da die unterschiedlichen Motorcharakteristika (Wirkungsgrad, ...) ein Auswerten der Simulationsergebnisse sehr erschweren. Zur Anpassung an den größeren Hinterraddurchmesser wird in der Hinterradnabe ein reibungs- und masseloses Getriebe mit der Untersetzung $\frac{r_V}{r_H}$ eingefügt. An dieser Stelle sei nochmals angemerkt, dass die optimale Motorposition gesucht wird, nicht der optimale Motor.

Für den Zweimotorenbetrieb ist es notwendig, Motoren zu verwenden, welche nur 125 W Dauernennleistung erbringen. Da im Markt praktisch alle Pedelecmotoren mindestens 250 W mechanische Leistung abgeben, werden die vorhandenen Daten der Heinzmannmotoren so modifiziert, dass im Modell der gewünschte Motor entsteht. Die einfachste Möglichkeit ist die Verdoppelung des ohmschen Widerstandes (und der Induktivität zum Beibehalten der Zeitkonstante), womit der fließende Strom und damit auch das erbrachte Moment halbiert wird (s. Gleichung (4.28) und (4.33)). Motorspannung und Drehzahl bleiben davon unbeeinflusst. Wird der Widerstand verdoppelt und der Strom halbiert, halbiert sich nach $P_V = RI^2$ auch die Verlustleistung. Damit ist es notwendig, das thermische Modell anzupassen: Um dieselben Temperaturen im Dauerbetrieb zu erhalten, muss bei halber Verlustwärmezufuhr die Wärmeabfuhr ebenfalls halbiert werden. Dies geschieht durch eine Verdoppelung der thermischen Widerstände. Gleichzeitig sollte zur Simulation des S2 Betriebes die Wärmekapazität der Körper halbiert werden, mit $\tau = RC$ bleibt die Zeitkonstante gleich.

Energiespeicher

Da der Motor eine Versorgungsspannung von 36 V verlangt, ist die Nutzung eines Akkus ähnlicher Nennspannung sinnvoll. Bei Verwendung von Lithium-Mangan-Zellen mit einer Zellnennspannung von 3.7 V ist die naheliegenste Lösung eine Reihenschaltung von 10 Zellen zu einer Akkunennspannung von 37 V. Die Kapazität kann durch Parallelschaltung mehrerer dieser Reihenschaltungen erhöht werden. Genutzt wird ein frei verkäuflicher Hochstrom Akkupack der Firma Green-Road [15], welcher aus einer 10s10p Verschaltung der bereits in Abschnitt 4.9 erwähnten LiMn-Zellen [33] besteht. Der Superkondensator wurde ebenfalls bereits in Abschnitt 4.9 vorgestellt. Tabelle 5.5 fasst die relevanten Kennwerte zusammen.

Luftwiderstand und Rollreibung

Der Luftwiderstand eines Lastenpedelecs ist aufgrund der Transportbox deutlich höher als der eines normalen Fahrrades. Mathematisch beschrieben wird der Luftwiderstand durch Gleichung 2.61, charakterisierend für das jeweils betrachtete Objekt sind dabei die Frontfläche A_{Fzg} und der Strömungswiderstandsbeiwert $c_{w,Fzg}$. Aus der Literatur [40] werden für einen aufrecht fahrenden Berufspendendler inkl. Fahrrad die Frontfläche $A_{Fahrrad} = 0.63\,\mathrm{m}^2$ und der Beiwert $c_{w,Fahrrad} = 1.15$ entnommen. Die Transportbox wird als quadratische Rechteckplatte mit der Fläche $A_{Box} = 0.2\,\mathrm{m}^2$ und dem Beiwert $c_{w,Box} = 2$ definiert. Die Luftwiderstandskraft des Lastenpedelecs ist die Summe der beiden einzelnen Komponenten, wobei die Box einen Teil des Fahrers verdeckt, was seinen Luftwiderstand um geschätzte 20 % reduziert.

$$F_{Luft,Lastenpdl} = 0.8 F_{Luft,Fahrrad} + F_{Luft,Box} \tag{5.5}$$

Mit Gleichung 2.61 und

$$A_{Lastenpdl} = A_{Fahrrad} + A_{Box} = 0.83\,\mathrm{m}^2 \tag{5.6}$$

lässt sich ein Ersatzbeiwert für das Lastenpedelec ermitteln.

$$c_{w,Lastenpdl} = 0.8\, c_{w,Fahrrad} + \frac{A_{Box}}{A_{Lastenpdl}}(c_{w,Box} - 0.8\, c_{w,Fahrrad}) = 1.18 \tag{5.7}$$

Der Rollwiderstandsbeiwert c_r ist von vielen Faktoren wie Fahrbahnoberfläche und Reifendruck abhängig, wird in dieser Arbeit aber als konstanter Mittelwert von $c_r = 0.01$ frei nach [40] angenommen.

5.2.2 Antriebskonfigurationen

Bei drei möglichen Motorpositionen ergeben sich $2^3 = 8$ mögliche Motorkonfigurationen. Zudem können die Motoren unterschiedlich dimensioniert werden. Dabei gilt immer die Randbedingung, dass der Antrieb, also alle Motoren in Summe, 250 W Nenndauerleistung nicht überschreiten dürfen und sinnvollerweise auch nicht unterschreiten sollten. Des weiteren kann die Sollmomentverteilung auf das

Mehrmotorensystem dynamisch und von diversen Parametern abhängig geregelt werden. Bei mehreren Lastfalluntersuchungen pro Antriebskonzept kommen so schnell mehrere hundert Simulationen zusammen. Es ist unumgänglich, eine Vorauswahl der zu vergleichenden Antriebskonzepte zu treffen.

Tabelle 5.6 listet alle im Simulinkmodell möglichen Motorpositionen mit einer Bewertung ihres technischen Ansatzes auf. Die bisher auf dem Markt erhältlichen Einzelmotorantriebe werden alle untersucht, zudem als Vergleichswert ein Fahrrad ohne Motor. Der Einbau mehrerer Motoren macht nur Sinn, wenn daraus ein Allradantrieb hervorgeht, welcher insbesondere im Winter deutliche Vorteile bringen könnte. Dies ist bei einer Kombination aus Mittel- und Heckmotor nicht der Fall, wodurch diese Variante ausscheidet. Die Dreimotorvariante wird ebenfalls nicht untersucht, da hier die Kosten überproportional hoch werden (3 Motoren, 3 Inverter, 3 Motorsensorik, Verkabelung, ...). Nach einigen Simulationen wurde festgestellt, dass alle Varianten, welche nur Nabenmotoren beinhalten, exakt die gleichen Ergebnisse liefern. Dies ist auch nicht überraschend, da die Nabenmotoren immer kinematisch miteinander und mit dem Fahrrad gekoppelt sind und die gleichen Kennwerte besitzen. Für Mehrmotorenvarianten verteilt sich die Last auf beide Motoren, womit beide synchron laufen und immer die gleichen Zustandswerte besitzen. Folglich können die Varianten F, H und FH, unabhängig der Betriebsstrategie und Lastfall, immer gleichgesetzt werden.

Für die Mehrmotorenantriebe muss eine Betriebsstrategie entwickelt werden, d.h. es muss festgelegt werden, welchen Anteil am Soll-Antriebsmoment jeder Motor zu erbringen hat. Man kann dabei prinzipiell zwischen einer konstanten und einer dynamischen Leistungsverteilung unterscheiden. Eine konstante Verteilung kann bei zwei gleichen Motoren ausgeglichen erfolgen (50:50), oder für einen bevorzugten Motor ungleich (z.B. 80 % Front, 20 % Mitte). Die dynamische Soll-Momentverteilung kann von den verschiedensten zeitvariablen Signalen abhängig sein:

- Motortemperatur: Kühlere Motoren werden bevorzugt.
- Geschwindigkeit: Der Motor, welcher im aktuellen Drehzahl- bzw. Geschwindigkeitsbereich den besseren Wirkungsgrad besitzt, wird bevorzugt.
- Streckenprofil: Prädiktives Motormanagement, z.B. kann vor erwarteten Anstiegen der Motor leer laufen, um Leistungsreserven vorzuhalten.

- Ladezustand des Akkus: Bei bekanntem Ziel und dafür zu geringer Restreichweite können alle Motoren gedrosselt werden.

- Beladung: Des Rad mit der höheren Aufstandskraft wird bevorzugt, um ein Durchrutschen zu vermeiden (beim leeren Lastenpedelec liegt der Schwerpunkt weit hinten).

- ASR: Wird ein Durchrutschen eines Rades bemerkt, wird der entsprechende Motor gedrosselt und ein anderer verstärkt.

- ...

Es ist auch vorstellbar, mehrere Einflussfaktoren zu verknüpfen. Um in dieser Arbeit bei einer überschaubarer Menge an Daten zu bleiben, werden drei Betriebsstrategien ausgewählt. Dies ist zum einen aufgrund der einfachen praktischen Umsetzbarkeit die konstante Gleichverteilung (50:50). Aus der Menge der dynamischen Flusssteuerungen wird die Regelung nach Motortemperatur simuliert, da sie nach Ansicht des Autors die erfolgversprechendste Variante zu sein scheint. Zudem wird als drittes die Kombination aus Motortemperaturregelung und vorausschauender Drosselung für realistische Lastfälle untersucht (Tabelle 5.7). Im folgenden werden die Implementierung der Betriebsstrategien im Controller in Simulink kurz erläutert.

Konstante ausgeglichene Momentenverteilung (K)

Dies ist sowohl am realen Pedelec als auch in Simulink die am einfachsten umzusetzende Variante. Das ermittelte Soll-Moment wird (bei zwei Motoren) in zwei Signalpfade aufgeteilt, die jeweils das halbe Sollmoment weiterleiten (Abbildung 5.4).

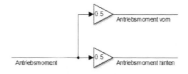

Abb. 5.4 Konstante, gleiche Momentverteilung (FH-K)

Regelung nach Temperatur (T)

Grundlegend wird wie bei Variante K von einer ausgeglichenen Verteilung der Antriebsmomente ausgegangen. Steigt die Temperatur eines Motors stärker, so wird dessen Anteil am zu erbringenden Gesamtmoment verringert. So kann erreicht werden, dass beide Motoren immer eine ähnliche Temperatur haben und keiner vorzeitig ausfällt. Dazu wird ein Faktor zwischen Null und Eins ermittelt, welcher mit dem insgesamt zu erbringendem Motormoment multipliziert wird und das jeweilige anteilige Motormoment bestimmt (Abbildung 5.5). Für einen Zweimotorenantrieb (FH) erfüllen folgende Gleichungen die Forderungen:

$$f_{vorn} = -\frac{T_{vorn}}{T_{vorn} + T_{hinten}} + 1 \tag{5.8}$$

$$f_{hinten} = -\frac{T_{hinten}}{T_{vorn} + T_{hinten}} + 1 \tag{5.9}$$

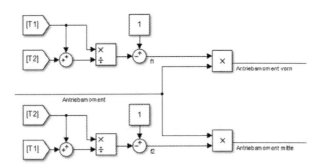

Abb. 5.5 Temperaturabhängige Momentenverteilung (FM-T)

Vorausschauende Regelung (V)

An dieser Stelle soll eine sehr einfache Form einer vorausschauenden Drosselung beider (!) Motoren hergeleitet werden. Ziel ist eine Überhitzung der Motoren am Berg zu vermeiden. Dies kann erreicht werden, indem bei Erwartung eines Anstieges die Motortemperatur durch ein Verringern der Unterstützung reduziert wird.

Abbildung 5.6 zeigt dieses Verhalten für einen betrachteten Bereich von 1000 m. Um zu verhindern, dass durch diesen Algorithmus letztendlich die Unterstützung am Berg fehlt, wird die Abschwächung geschwindigkeitsabhängig gestaltet. Bei sehr niedrigen Geschwindigkeiten, wie sie am Berg auftreten können, wird die Voraussage übergangen und die volle Motorleistung freigegeben. Bei hohen Geschwindigkeiten in der Ebene kann sich die prädiktive Antriebsregelung voll entfalten.

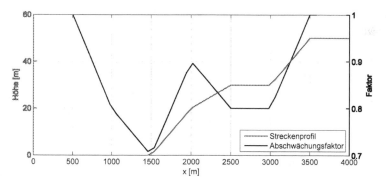

Abb. 5.6 Verhalten der vorausschauenden Regelung

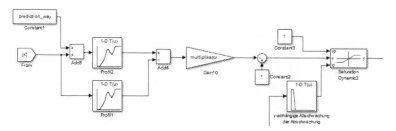

Abb. 5.7 Simulink-Implementierung der vorausschauenden Motorregelung (V). Ausgehendes Signal ist das Soll-Antriebsmoment des gesamten Antriebes (Eingangssignal für -K und -T).

Um das gewünschte Verhalten zu erreichen, muss dem Controller das Höhenprofil der Strecke $h_s(x)$ zur Verfügung stehen. Dies kann gut mit einem GPS-Navigationsgerät gekoppelt werden. Die Differenz der Streckenhöhe in einer gewünschten Entfernung und der Höhe am aktuellen Streckenpunkt ergibt die zu erwartende Höhenänderung. Dieser Wert wird mit einer Konstante (z.B. $\frac{1}{100}$) multipliziert und von 1 subtrahiert, um einen Wert zwischen 0 (komplette Motorabschaltung) und 1 (keine Abschwächung) zu erhalten. Es folgt eine dynamische Sättigung, wobei die untere Grenze geschwindigkeitsabhängig ist und ab einer Fahrgeschwindigkeit von 3 m/s ein Herunterregeln des Motors komplett verhindert. Die Implementierung dieses Algorithmus in Simulink ist in Abbildung 5.7 dargestellt.

5.2.3 Lastfälle

Um die verschiedenen Konfigurationen des Antriebsstranges vergleichen zu können, ist es notwendig, aussagekräftige und möglichst realitätsnahe Lastfälle zu definieren. Dazu können im Simulinkmodell die zeitlichen oder räumlichen Verläufe folgender Eingangsgrößen vorgegeben werden:

- Unterstützungsfaktor
- Tretleistung
- Steigung
- Soll-Bremsmoment am Vorderrad
- Soll-Bremsmoment am Hinterrad

Der Verlauf der Belastung wird in einzelne Lastblöcke gegliedert, wobei die Werte für die Dauer eines Blockes konstant bleiben. Abbildung 5.8 zeigt den Werteverlauf für eine Bergüberquerung: die Steigung von 5 % (entspricht $\alpha = 0.05$) wird mit einer Tretleistung von 200 W befahren, ein Sollbremsmoment liegt nicht an. Am Wegpunkt $x = 1000$ m ist der Scheitelpunkt erreicht und für 100 m wird mit 100 W Tretleistung in der Ebene gefahren. Danach beginnt das Gefälle von -5 %, das Fahrrad rollt frei und leitet am Punkt $x = 1800$ m eine Hinterradbremsung mit einem Soll-Bremsmoment von -50 Nm bis zum Stillstand ein. Der letzte Wert der Zeile Bedingung definiert den Stopp der Simulation. Der Unterstützungsfaktor beträgt die ganze Fahrdauer Zwei, die Vorderradbremse wird nicht benutzt.

Für den Steigungsverlauf (und prinzipiell für alle anderen Werteverläufe auch) kann zudem ein kontinuierlicher Werteverlauf vorgegeben werden. Hierfür wurde ein Tool in Simulink entwickelt, welches die in einer Online-Anwendung [41]

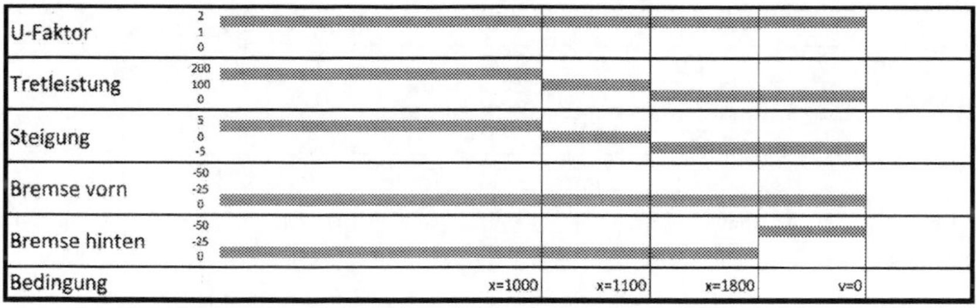

U-Faktor	2 1 0				
Tretleistung	200 100 0				
Steigung	5 0 -5				
Bremse vorn	-50 -25 0				
Bremse hinten	-50 -25 0				
Bedingung		x=1000	x=1100	x=1800	v=0

Abb. 5.8 Visualisierung des Lastfalls Bergüberquerung

frei verfügbaren Höhenprofile beliebiger Strecken in ein Steigungsprofil, also der Ableitung nach dem Ort, umwandelt und für eine Nutzung im Modell zwischenspeichert. Das Tool inklusive einer Nutzungsbeschreibung befindet sich auf der beiliegenden CD[2] (*height2slope.slx*).

Folgende ideale Lastfälle werden simuliert:

- Anfahren in der Ebene
- Anfahren am Berg
- Abbremsen bis Stillstand
- Abbremsen bis Stillstand gefolgt von Beschleunigen (Ampelstopp)
- Weite Ebene (20 km)
- Leichter Anstieg (100 Höhenmeter)
- Steiler Anstieg (500 Höhenmeter)
- Bergüberquerung

Zudem werden drei reale Streckenprofile abgefahren:

- Stadt (Coswig - Pirna)
- Gebirge (Clausthal-Zellerfeld - Brocken)
- Land (Dresden - Freiberg)

Die Versuchsprotokolle inklusive einer kurzen Zusammenfassung und Einschätzung sind auf der Internetpräsenz des Springer-Verlages als OnlinePLUS Download herunterladbar.

---

[2] Dieser Distribution liegt keine CD bei. Bitte kontaktieren Sie mich direkt per E-Mail unter Lastenpedelec@arcor.de

	Masse [kg]	x [m]	Höhe [m]	I_{xx} (Schwerpkt.) [kgm²]
Rahmen	23	0.90	0.45	0.6
Fahrer	80	0.40	1.05	8.0
Last	60	1.20	0.50	1.6
Σ	163	0.77	0.76	23.2

Tabelle 5.1 Schwerpunktpositionen bzgl. des hinterem Radaufstandspunktes und Trägheitsmomente bzgl. des jeweiligen Schwerpunktes der Hauptkörperelemente

	Läufer	Läuferdeckel	Nabe	Nabenabschluss
$r_{außen}$ [cm]	5.3	5.3	5.8	5.8
r_{innen} [cm]	4.3	1.0	5.4	1.0
Tiefe [cm]	3.0	0.7	6.5	0.7
Dichte [g/cm³]	7.4*	7.8	7.8	7.8
Masse [kg]	0.7	0.5	0.7	0.6
I_{yy} [kgm²]	0.0016	0.0007	0.0023	0.001

Tabelle 5.2 Ermittlung der geschätzten Trägheitsmomente des *Bafang*-Motors

		Normales Fahrrad	Lastenfahrrad
Hauptkörper			
Masse	kg	85	163
l	m	0.3	0.77
h	m	0.9	0.76
Ixx	kgm²	9.2	23.2
Vorderrad			
Masse	kg	3	3 / 7.5 / 6.5
Radius	m	0.35	0.25
Iyy Betrag	kgm²	0.28	0.13 / 0.14 / 0.14
Iyy Kreisel	kgm²	0.28	0.13 / 0.14 / 0.125
Ixx	kgm²	0.14	0.065 / 0.077 / 0.069
Hinterrad			
Masse	kg	2	4 / 8.5 / 7.5
Radius	m	0.3	0.33
Iyy Betrag	kgm²	0.12	0.28 / 0.29 / 0.29
Iyy Kreisel	kgm²	0.12	0.28 / 0.29 / 0.275
Ixx	kgm²	0.06	0.14 / 0.152 / 0.144
Lenker			
Masse	kg	4	2
hl	m	0.5*	0.4
hl0	m	0.14*	0.2
sl	m	0.02*	0
Ixx	kgm²	0.05	0.025
Iyy	kgm²	0.06	0.03
Izz	kgm²	0.007	0.05
Radstand	m	1.02	1.85
Kröpfung	m	0.03*	0.03
Steuerkopfwinkel	°	72	72
Direktläufer			
Masse	kg		4.5
Iyy	kgm²		0.01
Ixx	kgm²		0.012
Getriebemotor			
Masse	kg		3.5
Iyy Betrag	kgm²		0.011
Iyy Kreisel	kgm²		-0.0048
Ixx	kgm²		0.0039

Tabelle 5.3 Geometrieparameter eines normalen Fahrrades nach [19], (mit * markierte Werte sind abgeleitete Rechenwerte) und Parameter eines Lastenfahrrades (ohne Motor / Direktläufer / Planetengetriebemotor)

		Hinterrad (26")	Vorderrad (20")	Hinterrad (26")	Vorderrad (20")
Nennleistung	W	250	250	125	125
Versorgungsspannung	V	36 DC	36 DC	36 DC	36 DC
Nenndrehzahl	1/min	210	275	210	275
Nenngeschwindigkeit	m/s	7.3	7.3	7.3	7.3
Nennspannung	V	32.2 DC	24.7 DC	32.2 DC	24.7 DC
Nennstrom	A	9.3	11.6	4.7	5.8
Nennmoment	Nm	11.4	8.7	5.7	4.4
Nenn-Wirkungsgrad *		73%	80%	73%	80%
Leerlaufdrehzahl *	1/min	270	340	270	340
Leerlaufgeschw. *	m/s	9.3	9.1	9.3	9.1
Drehmomentkennzahl	Nm/A	1.22	0.75	1.22	0.75
Drehzahlkonstante	Vs	0.81	0.49	0.81	0.49
Reibkonstante *	Nm s	0.04	0.05	0.02	0.025
Widerstand pro Phase	mΩ	122	44	244	88
Induktivität pro Phase	mH	0.7	0.18	1.4	0.36
Polpaarzahl **		24	18	24	18
Wärmews. Wicklung – Geh. **	K/W	0.5		1	
Wärmews. Geh. – Umgbg- **	K/W	2.5		5	
Therm. Zeitkonst. Wicklg. **	s	200		200	
Therm. Zeitkonst. Gehäuse **	s	1900		1900	

Tabelle 5.4 Motorparameter des *Heinzmann PRA 180-25* [14] (* aus Simulinkmodell entnommen, ** geschätzt)

		Akkumulator	Superkondensator
Nennspannung	V	37	16
Max. elektr. Ladung	Ah	22.5	0.26
Kapazität	F	-	58
Innenwiderstand	Ω	0.32	0.022
Max. Ladestrom	A	15	170
Max. Entladestrom	A	30	170

Tabelle 5.5 Parameter der genutzten Energiespeicher (Akku [15]; Kondensator [16])

Front	Mittel	Heck	Kürzel	Sinnhaftigkeit
X			F	OK
X	X		FM	OK
X		X	FH	OK
X	X	X	FMH	Sehr aufwändig
			0	Fahrrad
	X		M	OK
		X	H	OK
	X	X	MH	Kein Allrad

Tabelle 5.6 Mögliche Motorpositionen

	Konstant gleich	Temperatur	Vorausschauend
0	0-K		
F	F-K		F-V
M	M-K		M-V
H	H-K		H-V
FM	FM-K	FM-T	FM-V-T
FH	FH-K	FH-T	FH-V-T

Tabelle 5.7 Betrachtete Kombinationen aus Motorpositionen und Betriebsstrategie. Die Strategie „Vorausschauend" wird nur im realen Streckenprofil angewandt.

Kapitel 6
Auswertung

6.1 Motorposition

Es wurden drei Positionen benannt, an welchen der elektrische Motor bei (Lasten-) Pedelecs angebracht werden kann: Als Nabenmotor im Vorderrad (F) bzw. Hinterrad (H) und als Mittelmotor am Tretlager (M). Da an diesem Punkt die Motorposition und nicht die Betriebsstrategie bewertet werden soll, werden nur Varianten mit konstanter Momentenverteilung (-K) untersucht.

Es wurde festgestellt, dass alle rein durch Nabenmotoren betriebenen Varianten (F, H, FH) gleiche Ergebnisse erzielen (siehe Versuche Anfahren in der Ebene, Anfahren am Berg und leichter Anstieg). Da die Parameter so angepasst wurden, dass Front- und Heckmotor in Abhängigkeit der Fahrgeschwindigkeit immer in der gleichen Drehzahl laufen und bei Mehrmotorbetrieb die Motoren exakt jeweils die halbe Leistung liefern, ist dies auch nicht weiter überraschend. Daher ist aus energetischer Sicht nur relevant, ob hinter dem Motor ein Schaltgetriebe liegt (Variante M) oder nicht (Variante F). Variante F vereint somit alle reinen Nabenantriebe F, H und FH.

Um die Menge an Simulationsergebnissen objektiv verarbeiten zu können, wurde eine Bewertungsmatrix entwickelt, bei welcher Fahrzeit und Energieverbrauch von Bedeutung sind. Tabelle 6.1 zeigt diese für eine wichtungsfreie Bewertung. Die einzelnen Werte sind der jeweilige Prozentsatz, um welchen der Wert dem Besten unterlegen ist. Als Beispiel ist die Fahrzeit beim *leichten Anstieg* mit Mittelmotor 6 % länger (442 s) als mit Nabenmotor (418 s). Gleichzeitig ist der Ener-

Allgemeiner Lastfall	Wichtung	Fahrzeit			Energieverbrauch		
		F	M	FM	F	M	FM
Anfahren Ebene	1	2	0	3	0	2	1
Anfahren Berg	1	0	1	0	7	0	4
Abbremsen Stillstand	1	0	0	0	0	14	6
Ampelstopp	1	0	0	0	0	0	0
Weite Ebene	1	0	1	0	0	2	1
Leichter Anstieg	1	0	6	2	10	0	6
Steiler Anstieg	1	78	0	10	0	41	36
Bergüberquerung	1	44	0	9	0	26	21
Stadt	1	0	5	2	1	0	1
Gebirge	1	25	0	5	0	0	5
Land	1	1	1	0	11	0	6
Σ		150	14	31	29	85	87

Nabenmotor:	179
Mittelmotor:	99
Nabe und Mitte:	118

Tabelle 6.1 Bewertung der Motorpositionen ohne Wichtung. Niedrige Werte symbolisieren geeignetere Varianten.

gieverbrauch mit Nabenmotor 10 % höher (239 kJ) als beim Mittelmotor (217 kJ). Hohe Werte kennzeichnen also ein vergleichsweise schlechtes Abschneiden. Der Lastfall *Ampelstopp* wird nicht bewertet, da er die Kombination aus *Abbremsen* und *Anfahren* darstellt und somit bereits vertreten ist. Ebenso wird die Fahrzeit bei *Abbremsen* nicht bewertet, weil sie eher vom Fahrer als von der Motorpositionierung abhängt. Zudem steht Energieverbrauch hier für rekuperierte Energie. Die letzte Zeile der jeweils oberen Tabelle bildet die gewichtete Summe der Lastfälle für jedes Positionierungskonzept pro Bewertungsfaktor. Die jeweilige untere Tabelle stellt nun direkt die Motorkonzepte gegenüber: Für gleichrangig betrachteten Lastfälle ist der Mittelmotor am besten geeignet, gefolgt von der Kombination aus Mittel- und Nabenmotor. Der reine Nabenmotorantrieb unterliegt aufgrund seiner mangelhaften Bergsteigfähigkeit (Motor überhitzt und regelt herunter).

Je nach angestrebtem Anwendungsfall kann die Wichtung nun angepasst werden. Von vorrangig innerstädtisch eingesetzten Lieferpedelecs wird das Absolvieren langer, steiler Anstiege nicht erwartet. Das Lastprofil ist vor allem durch viele Stop-and-go-Vorgänge geprägt. Tabelle 6.2 zeigt die Wichtung sowie die Ergebnisse: Der Nabenmotor scheint hier auf den ersten Blick am geeignetsten. Grund hierfür sind hauptsächlich die etwas niedrigeren Fahrzeiten und, daraus ableitbar, die bessere Unterstützung. Es wird zwar insbesondere bei leichten Anstiegen etwas mehr Energie verbraucht, beim Abbremsen dafür umso mehr rekuperiert. Wird allerdings beim rekuperativen Bremsen mit Mittelmotor konsequent herunterge-schalten, erhöht sich die dabei rekuperierte Energie und erreicht problemlos die Werte des Frontmotors. Nun sind alle Motorvarianten in etwa gleichwertig (Tabel-le 6.3).

Bei Pedlecnutzung im gebirgigen Terrain führt kein Weg an einem Mittelmo-tor vorbei. Nur mit ihm ist eine durchgehende Motorunterstützung bei Anstiegen gewährleistet, was sich auch deutlich in der Bewertungsmatrix (Tabelle 6.4) wider-spiegelt. Grund hierfür ist der schlechte Wirkungsgrad des Nabenmotors, welcher im Lastfall *Steiler Anstieg* lediglich bei knapp über 50 % liegt. Daraus folgt ei-ne Überhitzung des Motors nach 20 Minuten auf halber Strecke. Der Mittelmotor läuft derweil durchgehend mit einem Wirkungsgrad von über 70 % und bewältigt den Anstieg problemlos. Das gleiche Verhalten zeigt sich auch im Versuch *Gebir-ge*.

Lässt man nun noch die Erkenntnisse der kinematischen Simulation mit einflie-ßen (Vorderradantrieb wirkt destabilisierend) und bedenkt die hecklastige Mas-senverteilung insbesondere des unbeladenen Lastenpedelecs (Stichwort Traktion), beschränkt sich die Nutzung des Nabenmotors auf das Hinterrad. Ein Vorderradan-trieb ist nur in Kombination mit einem Mittelmotor sinnvoll, da der nun entstehen-de Allradantrieb besonders im Winter oder bei lockerem Untergrund sehr sinnvoll sein kann.

Zusammengefasst lässt sich sagen:

1. Die optimale Motorposition für ein universell einsetzbares Lastenpedelec ist der Mittelmotor im Tretlager. Der Nabenmotor hat am Berg eine bis zu 75 % längere Fahrzeit durch Überhitzung.

2. Sind lange Steigungen ausgeschlossen, ist der stärkere und wartungsarme Hin-terradnabenantrieb eine gute Wahl (Fahrzeit rund 2 % kürzer als mit Mittelmo-tor).

3. Die Kombination aus Front- und Heckmotor verhält sich energetisch wie ein einzelner Nabenmotor.

4. Ein kombinierter Front- und Mittelmotor hat die Vorteile eines Allradantriebes, ist universell einsetzbar und liegt in Fahrzeit und Energieverbrauch im guten Mittelfeld.

Lastfall Stadt	Wichtung	Fahrzeit			Energieverbrauch		
(ohne Herunterschalten)		F	M	FM	F	M	FM
Anfahren Ebene	3	2	0	3	0	2	1
Anfahren Berg	1	0	1	0	7	0	4
Abbremsen Stillstand	3	0	0	0	0	14	6
Ampelstopp	0	0	0	0	0	0	0
Weite Ebene	1	0	1	0	0	2	1
Leichter Anstieg	2	0	6	2	10	0	6
Steiler Anstieg	0	78	0	10	0	41	36
Bergüberquerung	0	44	0	9	0	26	21
Stadt	5	0	5	2	1	0	1
Gebirge	0	25	0	5	0	0	5
Land	1	1	1	0	11	0	6
Σ		7	40	23	43	50	49

Nabenmotor:	50
Mittelmotor:	90
Nabe und Mitte:	72

Tabelle 6.2 Bewertung der Motorpositionen für ein urbanes Lieferpedelec. Bei Nutzung des Mittelmotors wird beim rekuperativen Bremsen der eingelegte Gang bis zum Stillstand beibehalten. Niedrige Werte symbolisieren geeignetere Varianten.

Lastfall Stadt	Wichtung	Fahrzeit			Energieverbrauch		
(mit Herunterschalten)		F	M	FM	F	M	FM
Anfahren Ebene	3	2	0	3	0	2	1
Anfahren Berg	1	0	1	0	7	0	4
Abbremsen Stillstand	3	0	0	0	0	0	0
Ampelstopp	0	0	0	0	0	0	0
Weite Ebene	1	0	1	0	0	2	1
Leichter Anstieg	2	0	6	2	10	0	6
Steiler Anstieg	0	78	0	10	0	41	36
Bergüberquerung	0	44	0	9	0	26	21
Stadt	5	0	5	2	1	0	1
Gebirge	0	25	0	5	0	0	5
Land	1	1	1	0	11	0	6
Σ		7	40	23	43	8	31

Nabenmotor:	50
Mittelmotor:	48
Nabe und Mitte:	54

Tabelle 6.3 Bewertung der Motorpositionen für ein urbanes Lieferpedelec. Bei Nutzung des Mittelmotors wird beim rekuperativen Bremsen stufenweise herabgeschaltet. Niedrige Werte symbolisieren geeignetere Varianten.

Lastfall Mittelgebirge	Wichtung	Fahrzeit			Energieverbrauch		
		F	M	FM	F	M	FM
Anfahren Ebene	1	2	0	3	0	2	1
Anfahren Berg	3	0	1	0	7	0	4
Abbremsen Stillstand	1	0	0	0	0	14	6
Ampelstopp	0	0	0	0	0	0	0
Weite Ebene	1	0	1	0	0	2	1
Leichter Anstieg	3	0	6	2	10	0	6
Steiler Anstieg	1	78	0	10	0	41	36
Bergüberquerung	1	44	0	9	0	26	21
Stadt	1	0	5	2	1	0	1
Gebirge	3	25	0	5	0	0	5
Land	2	1	1	0	11	0	6
Σ		201	29	45	74	85	123

Nabenmotor:	275
Mittelmotor:	114
Nabe und Mitte:	168

Tabelle 6.4 Bewertung der Motorpositionen für gebirgiges Terrain. Niedrige Werte symbolisieren geeignetere Varianten.

6.2 Betriebsstrategie

Es wurden drei Strategien für den Mehrmotorbetrieb untersucht: gleichmäßige, zeitlich konstante Verteilung des Soll-Antriebsmomentes auf beide Motoren (K) und eine dynamische Verteilung, wobei der kühlere Motor abhängig von der Temperaturdifferenz zum wärmeren mehr Leistung erbringen muss (T). Zudem wurde eine prädiktive Motorregelung implementiert, welche vor Anstiegen alle Motoren herunterregelt, um so eine Überhitzung am Berg zu verzögern (V).

Tabelle 6.5 stellt die Fahrzeiten und Energieverbräuche gegenüber. Es wird deutlich, dass die Temperaturregelung T gegenüber der konstanten Verteilung der Antriebsmomente K in puncto Fahrzeit klar überlegen ist, insbesondere in gebirgigen Abschnitten. Im Ausgleich dazu steigt allerdings der Energieverbrauch leicht an. Dies ist zumindest anteilig auf den mit höheren Geschwindigkeiten steigenden Luftwiderstand zurückzuführen. Die Bergsteigfähigkeit wird leicht verbessert (Abbildung 6.1 links), da der für Anstiege geeignete Mittelmotor aufgrund seiner meist niedrigeren Temperatur bevorzugt wird und damit einer Erwärmung des Frontmotors entgegenwirkt.

Die prädiktive Motorregelung V senkt den Energieverbrauch, da die Geschwindigkeit vor Anstiegen gedrosselt wird. Die Bergsteigfähigkeit kann durch diesen vergleichsweise simplen Algorithmus nicht wesentlich verbessert werden. So überhitzt der Frontmotor im Versuch *Gebirge* unabhängig von der Betriebsstrategie. Abbildung 6.1 rechts verdeutlicht für die Überlandfahrt, dass zwar vor einem Anstieg die Geschwindigkeit sinkt, allerdings kein Vorteil bei der Steigung daraus gewonnen wird. Die implementierte prädiktive Drosselung funktioniert nur in dem besonderen Fall, wenn die vor dem Anstieg „eingesparte" Wärme gerade ausreicht, um den Anstieg mit voller Motorunterstützung zu erklimmen, was sonst nicht geschafft worden wäre. Um dies für ein allgemeines Streckenprofil zu erreichen, ist eine deutlich intelligentere Regelung notwendig.

Zusammenfassend gilt:

1. Eine einfache Temperaturregelung ist besonders im Gebirge effektiv (Fahrzeit 4 % niedriger als mit konstanter Momentenverteilung) und durch das Vorhandensein der notwendigen Sensoren am Motor leicht umsetzbar.

2. Die vorgeschlagene prädiktive Motordrosselung reduziert Energieverbrauch und Geschwindigkeit um jeweils rund 3 %, verbessert jedoch nicht die Bergsteigfähigkeit und benötigt noch weitere Überarbeitung.

Lastfall	Wichtung	Fahrzeit			Energieverbrauch		
		FM-K	FM-T	FM-TV	FM-K	FM-T	FM-TV
Anfahren Ebene	1	2	0	0	0	0	0
Anfahren Berg	1	0	0	0	0	0	0
Weite Ebene	1	0	0	0	0	0	0
Leichter Anstieg	1	0	0	0	0	0	0
Steiler Anstieg	1	5	0	0	0	4	4
Bergüberquerung	1	3	0	0	0	2	2
Stadt	1	0	0	1	1	1	0
Gebirge	1	4	0	5	4	6	0
Land	1	1	0	2	5	4	0
Σ		15	0	8	10	17	6

K	25
T	17
T-V	14

Tabelle 6.5 Bewertung der Betriebsstrategien für den FM-Mehrmotorbetrieb. K=konstante Momentverteilung. T=Bevorzugung von kühleren Motoren. V=Vorausschauende Motorabkühlung. Niedrige Werte symbolisieren geeignetere Varianten. TV wurde nur bei realen Lastfällen untersucht, die restlichen Werte wurden von T übernommen (graue Werte).

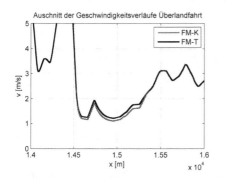
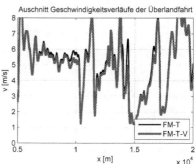

Abb. 6.1 Ausschnitt der Geschwindigkeitsverläufe. Links: Vergleich konstanter Momentverteilung mit temperaturabhängiger Verteilung. Rechts: Vergleich mit und ohne vorausschauender Motordrosselung

6.3 Rekuperation

Bei der Nutzung von Elektromotoren ist besonders bei mobilen Anwendungen immer die Energierückgewinnung von zentraler Bedeutung. So kann ein Pedelec bei jedem Bremsvorgang sowie bei Gefällen über eine regenerative Motorbremsung kinetische Energie in elektrische umwandeln. Die Simulationen zeigten, dass bei einer typischen Stadtfahrt knapp 5 % der benötigten Energie rekuperativ zurückgewonnen werden können (Versuch *Stadt*). Bei sehr häufigen Stop-and-go-Vorgängen kann dieser Wert bis rund 20 % steigen (Versuch *Ampelstopp*). Bei Gefälle liegt die Energierückgewinnung etwas höher: Im Versuch *Bergüberquerung* konnten bis zu 25 % der für den Aufstieg benötigten Energie zurückgewonnen werden.

Um diese Energie letztendlich speichern zu können, ist ein Hochsetzsteller notwendig, welche die stark schwankende, erzeugte Motorspannung (≤ 18 V) auf eine variable Ladespannung (bis 42 V) transformiert. Ob der Aufwand sinnvoll ist oder alternativ ein um 20 % größerer Akku genutzt wird, muss je nach Anwendungsfall entschieden werden.

6.4 Dualspeicher

Im Simulinkmodell wurde ein Dualspeichersystem simuliert. Eine Lithium-Ionen-Batterie dient dabei aufgrund der hohen Energiedichte zur langfristigen Energieversorgung des Antriebes. Ein Superkondensator besticht durch seine hohe Leistungsdichte und ist insbesondere zum kurzfristigen Aufnehmen der relativ hohen Bremsleistung geeignet. Im Modell wird sowohl bei Energieaufnahme als auch bei deren Abgabe primär der Kondensator genutzt. Sobald dessen Speichervermögen erreicht ist bzw. seine Energiereserven unter einen Grenzwert sinken, wird auf die Batterie zugegriffen. Abbildung 6.2 links verdeutlicht diesen Vorgang für einen Ampelstopp. Für diesen Lastfall ist der gewählte Kondensator [16] mehr als ausreichend. Soll allerdings bei einer Talfahrt dauerhaft gebremst werden, ist seine Kapazität schnell aufgebraucht und die Bremsenergie wird in den Akku geleitet (Abbildung 6.2 rechts).

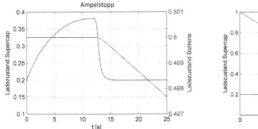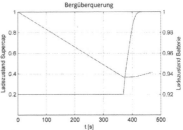

Abb. 6.2 Ladezustandsverlauf der Energiespeicher bei einem Stop-and-go-Vorgang (links) und bei einer Bergüberquerung (rechts)

Der Hauptsinn des Superkondensators ist, wie bereits erwähnt, kurzfristige Leistungsspitzen aufzunehmen, welche das Leistungsaufnahmevermögen der Batterie übersteigen. Diese ergeben sich aus der maximal auftretenden Bremsleistung, welche das Produkt aus maximalem Motorstrom und maximaler Motorspannung beim Bremsen ist. Letztere beträgt durch die Ladeleistungsoptimierung gerade die Hälfte der maximalen Motorspannung (Gleichung (4.63)), im Beispiel $36\,\mathrm{V}/2 = 18\,\mathrm{V}$. Der Motorstrom wurde in Abschnitt 4.9.3 auf zum Schutz der elektrischen Bauteile auf $30\,\mathrm{A}$ begrenzt. Die maximal auftretende elektrische Bremsleistung beträgt somit

$$P_{zk} = U \cdot I = 18\,\text{V} \cdot 30\,\text{A} = 540\,\text{W} \tag{6.1}$$

Die maximale Batterieladeleistung ist das Produkt aus Akkunennspannung und maximalem Akkustrom.

$$P_{bat,-,max} = U_{nenn,Akku} \cdot I_{bat,-,max} = 37\,\text{V} \cdot 15\,\text{A} = 555\,\text{W} \tag{6.2}$$

Der genutzte Akku ist also prinzipiell in der Lage, die maximal entstehende Bremsleistung aufzunehmen, ein Superkondensator ist nicht zwingend notwendig. Dennoch ist die Nutzung eines Dualspeichers sinnvoll, da die häufig wechselnden Lade- und Entladelevorgänge, wie sie im Stadtverkehr entstehen, vom deutlich zyklenfesteren Kondensator (Kaufpreis 150 €) abgefangen werden. Dies kann die Lebensdauer des kostenintensiven Akkus (500-1000 Ladezyklen, Kaufpreis 600 € [15]) deutlich verlängern. Zusammengefasst lässt sich sagen:

1. Ein Superkondensator ist nicht notwendig, da die maximal auftretende Ladeleistung (540 W) komplett vom Akku (max. Leistungsaufnahme 555 W) aufgenommen werden kann.

2. Ein Superkondensator kann zur Schonung des Akkus verwendet werden.

Kapitel 7

Zusammenfassung und Ausblick

Ziel dieser Arbeit war die modellbasierte Bewertung verschiedener Antriebskonzepte von Lastenpedelecs unter Nutzung der Software Matlab Simulink. Dabei wurden zwei Bereiche betrachtet: die kinetische Simulation der Fahrdynamik und die energetische Betrachtung verschiedener Lastfälle.

Zur kinetischen Untersuchung wurde ein Vier-Körper-Modell des Zweirades entwickelt, mit dem Erkenntnisse über den Einfluss eines Frontmotors auf die Selbststabilisierung des Zweirades gewonnen wurden: Ein Antriebs- bzw. Bremsmoment im Vorderrad stört das empfindliche Zusammenspiel aus Zentripetal- und Normalkraft. Dies beeinflusst die Stabilität in den meisten Fällen negativ und kann ein freihändiges Fahren unmöglich machen. Bei Verwendung eines Nabenmotors sollte der Heckmotor dem Frontmotor vorgezogen werden.

Das Mehrkörpermodell wurde mit den Modulen des elektrischen Antriebsstranges erweitert. Dies sind ein ausführliches und ein vereinfachtes Modell eines BLDC-Motors, welches einen Inverter, ein Zwei-Körper-Wärmemodell und einen Motorregler beinhaltet. Der weitere implementierte Antriebsstrang besteht aus einem schaltbaren Getriebe, einem kombinierten elektrisch-mechanischem Bremssystem, einem Dualspeichersystem und einem Controller. Die numerische Simulation verschiedener Lastfälle ergab umfangreiches Datenmaterial, welches durch einen Bewertungsalgorithmus aufgearbeitet wurde.

Die Auswertung ergab, dass die optimale Motorposition vom Anwendungsgebiet des Lastenpedelecs abhängt. Im flachen urbanen Gelände ist aus energetischer Sicht kein Antriebskonzept überlegen. Vergleicht man den Wartungsaufwand von Mittel- und Nabenmotoren, ist der Nabenmotor hier die bessere Alternative.

Sind im Fahrprofil des Pedelecs Steigungen mit einer Höhendifferenz über 200 Höhenmetern zu erwarten, sollten ausschließlich Mittelmotoren genutzt werden. Durch die niedrigen Geschwindigkeiten am Berg laufen Nabenmotoren hier mit einem sehr schlechten Wirkungsgrad und neigen zur Überhitzung. Tretlagermotoren können durch die schaltbare Übersetzung deutlich effizienter betrieben werden, was eine bessere Bergsteigfähigkeit mit sich bringt.

Mehrmotorenantriebe (kombinierter Mittel- und Nabenmotor) liegen in ihren Fahrwerten immer zwischen den beiden Einzelmotorvarianten. Eine dynamische Leistungsflusssteuerung, welche den jeweils kühleren Motor mehr belastet, ist besonders im Gebirge effektiv. Die implementierte prädiktive Motordrosselung vor Anstiegen brachte hingegen nicht den gewünschten Effekt.

In der Simulation einer Stadtfahrt konnte 5 % der benötigten elektrischen Energie durch Nutzbremsungen zurückgewonnen werden. Dieser Wert erhöht sich bei sehr häufigen Stop-and-go-Vorgängen auf rund 20 %. Im Gebirge konnte bergab 25 % der bergauf verbrauchten Energie rekuperiert werden. Zur Speicherung war die Leistungsaufnahme eines handelsüblichen Hochstrom-Akkumulators ausreichend. Der Einsatz von Superkondensatoren ist nur zum Zwecke der Lebensdauerschonung des deutlich teureren Akkus überlegenswert.

Durch den modularen und leicht zu parametrisierenden Aufbau des Simulinkmodells sind mit diesem verschiedenste weitere Untersuchungen zum Fahrverhalten von Zweirädern (Pedelecs, Motorräder, ...) möglich. Dazu gehören z.B. die Optimierung von Schwerpunktpositionen und die Entwicklung einer jeweils ans Fahrzeug angepassten Vorderradgeometrie.

Die Nutzung des modellierten elektrischen Antriebsstranges beschränkt sich nicht nur auf Zweiräder. Wird der Tretvorgang mit einem Verbrennungsmotor ersetzt, ergibt sich der Antriebsstrang eines herkömmlichen Hybridfahrzeugs. Einzelne Elemente, wie der BLDC-Motor, können problemlos getauscht werden. Die offene Parametrisierung ermöglicht umfangreiche Anpassungsmöglichkeiten, angefangen vom ohmschen Widerstand der Motorwicklungen bis zur Übersetzung der Getriebestufen.

Abschließend sei die Möglichkeit einer Verifizierung des Modells am realen Objekt zu erwähnen. So kann bestätigt werden, dass die getroffenen Annahmen und Vereinfachungen hinnehmbar sind und das Modell hinreichend genau ist.

Anhang A

Matlab-Skript: Kinetik

Im folgenden wird ohne weitere Kommentierung das Skript zur symbolischen Herleitung der später in Simulink implementierten Funktionen dargestellt. Es befindet sich ebenfalls in digitaler Form auf der beiliegen CD.
(*Herleitung_Bewegungsgleichungen.m*)

```
1  syms    kappa phi x   real %Freiheitsgrade
2  syms cw A rho sr hr rh rv hl sl L B beta g hlo mh mr ml ...
       mv t M_vorn M_hinten crv crh F_N alpha real %Parameter
3
4  %Berechnung Nachlauf und Fahrwinkel
5      T=cos(phi)*cos(beta)-tan(kappa)*sin(phi);
6      N=B-rv*T/sqrt(T^2+sin(beta)^2);
7      ⅃=atan(tan(phi)*sin(beta)/(cos(kappa)-cos(beta)    ...
           *sin(kappa)* tan(phi)));
8
9  %Ermitteln von ha
10     ha=hl*sin(beta)-B*cos(beta)+rv;
11     sa=L-ha/tan(beta);
12
13 %Aufstellen der Transformationsmatrizen
14     %Transformationsmatrix ortsfest -> rahmenfest
15     TOH=[1 0 0 x;0 1 0 0;0 0 1 0;0 0 0 1];
16
17     %Transformationsmatrix I0 -> I1
```

```
18      T01=expand(T0H*[1 0 0 sr;0 cos(-kappa) -sin(-kappa) ...
            hr*sin(kappa);0 sin(-kappa) cos(-kappa) ...
            hr*cos(kappa);0 0 0 1]);

19

20      %Transformationsmatrix I0 -> I2
21      T02=expand(T01*[sin(beta) 0 -cos(beta) sa-sr;0 1 0 ...
            0;cos(beta) 0 sin(beta) ha-hr;0 0 0 1]);

22

23      %Transformationsmatrix I0 -> I3
24      T03=expand(T02*[cos(phi) -sin(phi) 0 0;sin(phi) ...
            cos(phi) 0 0;0 0 1 0;0 0 0 1]);

25

26      %Transformationsmatrix I0-> I4
27      T04=T0H*[1 0 0 0;0 cos(-kappa) -sin(-kappa) ...
            rh*sin(kappa);0 sin(-kappa) cos(-kappa) ...
            rh*cos(kappa);0 0 0 1];

28

29      %Transformationsmatrix I0-> I5
30      T05=T03*[1 0 0 B;0 1 0 0;0 0 1 -hl;0 0 0 1];

31

32  %Ortsvektoren
33      %Aufstellen der Ortsvektoren im Inertialsystem
34      rp_h=(T04*[0;0;0;1]); %Hinterrad
35      rp_r=(T01*[0;0;0;1]); %Rahmen
36      rp_l=(T03*[sl;0;-hlo;1]); %Lenker
37      rp_v=(T05*[0;0;0;1]); %Vorderrad
38      rp_PV=(T03*[N;0;-hl-sqrt(rv^2-(B-N)^2);1]); %Punkt PV
39      rp_PH=(T0H*[0;0;0;1]); %Punkt PH

40

41      %4. Zeile loeschen
42      rp_h(4,:)=[];
43      rp_r(4,:)=[];
44      rp_l(4,:)=[];
45      rp_v(4,:)=[];
46      rp_PV(4,:)=[];
47      rp_PH(4,:)=[];

48

49

50

51      %Definieren der generalisierten Koordinaten
52      syms phip phipp kappap real
```

```
53
54      q=[kappa;phi;x];
55      qp=[kappap;phip;xp];
56
57   %Rotationsvektoren
58      %Aufstellen der Rotationsmatrizen
59      R01=[1 0 0;0 cos(-kappa) -sin(-kappa);0 sin(-kappa) ...
            cos(-kappa)];
60      R12=[sin(beta) 0 -cos(beta);0 1 0;cos(beta) 0 ...
            sin(beta)];
61      R23=[cos(phi) -sin(phi) 0;sin(phi) cos(phi) 0;0 0 1];
62      R03=R01*R12*R23;
63
64      %Aufstellen der Rotationsvektoren
65      rrp_h=R01*[0;xp/rh;0]+[-kappap;0;0];
66      rrp_r=[-kappap;0;0];
67      rrp_l=R03*[0;0;phip]+[-kappap;0;0];
68      rrp_v=R03*[0;xp/rv;phip]+[-kappap;0;0];
69
70
71   %Aufstellen der Jacobimatrizen
72      %Translation
73      J_h=jacobian(rp_h,q);
74      J_r=jacobian(rp_r,q);
75      J_l=jacobian(rp_l,q);
76      J_v=jacobian(rp_v,q);
77      J_PV=jacobian(rp_PV,q);
78      J_PH=jacobian(rp_PH,q);
79
80      %Rotation
81      Jr_h=jacobian(rrp_h,qp);
82      Jr_r=jacobian(rrp_r,qp);
83      Jr_l=jacobian(rrp_l,qp);
84      Jr_v=jacobian(rrp_v,qp);
85
86   %Aufstellen der Massenmatrizen
87      syms Ixx_r real;
88      I_r=[Ixx_r 0 0;0 0 0;0 0 0];
89      M_r=mr*(J_r)'*J_r+(Jr_r)'*R01*I_r*(R01)'*Jr_r;
90
91      syms Ixx_h Iyy_h Izz_h real
```

```
92      I_h=[Ixx_h 0 0;0 Iyy_h 0;0 0 Izz_h];
93      M_h=expand(simplify(mh*(J_h)'*J_h+(Jr_h)'*R01*I_h    ...
            *R01'*Jr_h));
94
95      syms Ixx_l  Iyy_l Izz_l real;
96      I_l=[Ixx_l 0 0;0 Iyy_l 0;0 0 Izz_l];
97      M_l=expand(simplify(ml*(J_l)'*J_l+(Jr_l)'*R03*I_l    ...
            *R03'*Jr_l));
98
99      syms Ixx_v Iyy_v Izz_v real
100     I_v=[Ixx_v 0 0;0 Iyy_v 0;0 0 Izz_v];
101     M_v=expand(simplify(mv*(J_v)'*J_v+(Jr_v)'*R03*I_v    ...
            *R03'*Jr_v));
102
103     M=M_h+M_r+M_l+M_v;
104
105
106 %Berechnung konservative Kraefte
107     %Rahmen
108     FG_R=[-g*mr*sin(alpha);0;-g*mr*cos(alpha)];
109     Q_FG_R=J_r'*FG_R;
110
111     %Hinterrad
112     FG_H=[-g*mh*sin(alpha);0;-g*mh*cos(alpha)];
113     Q_FG_H=J_h'*FG_H;
114
115     %Lenker
116     FG_L=[-g*ml*sin(alpha);0;-g*ml*cos(alpha)];
117     Q_FG_L=J_l'*FG_L;
118
119     %Vorderrad
120     FG_V=[-g*mv*sin(alpha);0;-g*mv*cos(alpha)];
121     Q_FG_V=J_v'*FG_V;
122
123     %generalisieren
124     Q_FG=simplify(Q_FG_R+Q_FG_H+Q_FG_L+Q_FG_V);
125
126 %nichtkonservative Kraefte
127     %Zentrifugalkraft
128         omega=xp*tan(ʌ)/L;
129
```

```
130        %Rahmen
131        F_zentri_r=mr*omega^2*sr/sin(atan(tan(Δ)*sr/L));
132        Q_zr=(J_r)'*[F_zentri_r*sin(atan(tan(Δ)*sr/L)); ...
               -F_zentri_r* cos(atan(tan(Δ)*sr/L));0];

133

134        %Hinten
135        F_zentri_h=mh*omega^2*(L/tan(Δ));
136        Q_zh=(J_h)'*[0;-F_zentri_h;0];

137

138        %Vorderrad
139        F_zentri_v=mv*omega^2*(L/sin(Δ));
140        Q_zv=(J_v)'*[F_zentri_v*sin(Δ);-F_zentri_v*cos(Δ);0];

141

142        %Lenker
143        F_zentri_l=ml*omega^2*(L/sin(Δ));
144        Q_zl=(J_l)'*[F_zentri_l*sin(Δ);-F_zentri_l*cos(Δ);0];

145

146


147     %Reifenkraefte
148        %Aufstandskraft=Normalkraft

149

150          x_l=L  - rv/tan(beta) + hlo*cos(beta) + ...
               sl*cos(phi)*sin(beta) + ...
               (B*cos(beta))/tan(beta) - ...
               (hl*sin(beta))/tan(beta);
151          %vorn
152          F_NV=[0;0;g*cos(alpha)*(mv+ml*x_l/L+mr*sr/L)];

153

154          %hinten
155          F_NH=[0;0;g*cos(alpha)*(mv+ml+mr+mh)]-F_NV;

156

157     %Zentripelkraefte=Querkraefte
158          %vorn
159          F_ZV=[0;F_zentri_r*sr/L+F_zentri_l*x_l/ ...
               L+F_zentri_v;0];

160

161          %hinten
162          F_ZH=[0;F_zentri_r+F_zentri_h+F_zentri_l ...
               +F_zentri_v;0]-F_ZV;

163

164        %Laengskraefte
```

```
165          %Anrieb/Bremse
166              %Vorn
167              F_AV=[M_vorn/rv;0;0];
168              %hinten
169              F_AH=[M_hinten/rh;0;0];
170          %Reibung
171              %Vorn
172              F_RV=[-crv*g*cos(alpha)*(mv+ml*x_l/L ...
                     +mr*sr/L);0;0];
173              %hinten
174              F_RH=[-crh*(g*cos(alpha)*(mh + ml + mr + ...
                     mv)-g*cos(alpha)*(mv+ml*x_l/L ...
                     +mr*sr/L));0;0];
175
176      %Zusammenfuehrung
177      Rd=[cos(Δ) -sin(Δ) 0;sin(Δ) cos(Δ) 0;0 0 1];
178
179      F_V=Rd*(F_AV+F_RV+F_ZV+F_NV);
180      F_H=F_AH+F_RH+F_ZH+F_NH;
181
182      Q_PV=(J_PV)'*F_V;
183      Q_PH=(J_PH)'*F_H;
184
185
186  %Luftwiderstand
187      F_LW=[-0.5*cw*A*rho*xp^2;0;0];
188      Q_LW=(J_r)'*F_LW;
189
190  %gyroskopische Momente
191          %hinten
192      w1=-kappap;
193      w2=xp/rh;
194      w3=0;
195
196      L=[Ixx_h*w1;Iyy_h*w2;Izz_h*w3];
197      M_haupt=cross([w1;w2;w3],L);
198      Q_GH2=Jr_h'*M_haupt;
199
200          %vorn
201      w1=-kappap*sin(beta);
202      w2=-xp/rv;
```

```
203        w3=phip+kappap*cos(beta);
204
205        L0=[Ixx_v*w1;Iyy_v*w2;Ixx_v*w3];
206        M_haupt=cross(L0,[w1;0;w3]);
207        Q_GV2=Jr_v'*M_haupt;
```

Anhang B

Matlab-Skript: Herleitung der thermischen Parameter

Das folgende Skript dient zur Herleitung gültiger Parameter für das Zweikörper-Wärmemodell (Abschnitt 4.5) auf Basis von Daten zum S2-Betrieb. Folgende Werte sind gesucht:

- Wärmewiderstände R_{WG} und R_{GU}
- Zeitkonstanten τ_W und τ_G

Folgende Informationen zum erlaubten S2-Betrieb sind im Datenblatt des Motors [14] gegeben:

- 25 A für 10 min
- 33 A für 4 min

Zudem soll die Randbedingung gelten, dass das Wärmeverhalten im Dauerbetrieb S1 gleich bleibt. Dieses ist nur von der Summe der Wärmewiderstände $R_{WG} + R_{GU}$ abhängig, welche sich nicht ändern darf. Als Vorlage dient der Motor EC45 (250 W, [13]), bei welchem besagter gesamter Wärmewiderstand $3\,\mathrm{K\,W^{-1}}$ beträgt.

Mit diesen Informationen kann ein simpler Suchalgorithmus entworfen werden, welcher in einem gegebenen Raster verschiedene Parameter in das Wärmemodell aus Abschnitt 4.5 (Abbildung B.1) einsetzt und untersucht, ob die S2-Zustände eintreffen. Eine Toleranz von $\pm 5\,°\mathrm{C}$ wird zugelassen. Folgender Bereich wurde bei der Suche beachtet:

- $0.1 \leq R_{WG} \leq 2$ mit $\Delta R_{WG} = 0.1$
- $100 \leq \tau_W \leq 1000$ mit $\Delta \tau_W = 100$

- $100 \leq \tau_G \leq 2000$ mit $\Delta\tau_G = 100$

Insgesamt werden mittels folgendem Skript demnach 4000 Möglichkeiten untersucht.

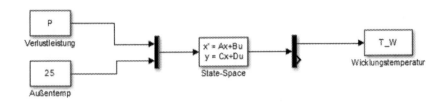

Abb. B.1 State-Space-Modell des Wärmemodells

```
1   set_param('thermal','IgnoredZcDiagnostic','none');
2
3   for Rw=0.1:0.1:2     %Festlegen des Rasters fuer R_wg ...
        (Beginn:Differenz:Ende)
4       Rg=3-Rw;            %Festlegen R_gu
5       disp(Rw);
6       for tauw=100:100:1000 %Raster tau_w
7           for taug=100:100:2000 %Raster tau_g
8           P=152;
9           stop_time=600;
10          sim('thermal',stop_time);
11          R_10mins{tauw/100,taug/100}=T_W.data;
12
13          P=266;
14          stop_time=240;
15          sim('thermal',stop_time);
16          R_4mins{tauw/100,taug/100}=T_W.data;
17
18          if R_10mins{tauw/100,taug/100}<135 %obere ...
                Toleranzgrenze
19              if R_10mins{tauw/100,taug/100}>125 %untere ...
                    Tolleranzgrenze
20                  if R_4mins{tauw/100,taug/100}<135
21                      if R_4mins{tauw/100,taug/100}>125
```

```
22              X=['Treffer bei tauw=',num2str(tauw),' und ...
                taug=',num2str(taug),' und ...
                Rw=',num2str(Rw),'   ...
                .TW_lang=',num2str(R_10mins{tauw/100, ...
                taug/100}),'   ...
                T_W_kurz=',num2str(R_4mins{tauw/100, ...
                taug/100})];
23                  disp(X);
24                    end
25                end
26            end
27          end
28        end
29      end
30    end
```

Das Skript liefert folgenden Output:

```
 1      0.1000
 2      0.2000
 3      0.3000
 4      0.4000
 5      0.5000
 6  Treffer bei tauw=200 und taug=1800 und Rw=0.5    ...
        .TW_lang=134.1819    T_W_kurz=128.1148
 7  Treffer bei tauw=200 und taug=1900 und Rw=0.5    ...
        .TW_lang=132.8177    T_W_kurz=127.6631
 8  Treffer bei tauw=200 und taug=2000 und Rw=0.5    ...
        .TW_lang=131.549    T_W_kurz=127.2496
 9      0.6000
10      0.7000
11      0.8000
12      0.9000
13      1
14      1.1000
15      1.2000
16      1.3000
17      1.4000
18      1.5000
19      1.6000
```

```
20      1.7000
21      1.8000
22      1.9000
23       2
```

Zur Fortschrittskontrolle während der Suche ist der aktuelle Wert von R_{WG} aufgelistet. Die Suche liefert drei Treffer und zeigt die jeweiligen Parameter und die erreichten Temperaturen nach 10 und 4 Minuten (bei 25 A bzw. 33 A). Der zweite Treffer wurde in der Arbeit genutzt.

Das Skript und das Modell befinden sich auch auf der beiliegenden CD[3].

(*find_temperature_parameter.m* und *thermal.slx*).

---

[3] Dieser Distribution liegt keine CD bei. Bitte kontaktieren Sie mich direkt per E-Mail unter Lastenpedelec@arcor.de

Literaturverzeichnis

[1] DEUTSCHES ZENTRUM FÜR LUFT- UND RAUMFAHRT E.V. (DLR): INSTITUT FÜR VERKEHRSFORSCHUNG: *Ich ersetze ein Auto*. Internetauftritt. http://www. ich-ersetze-ein-auto.de/projekt/projektidee/. – Abgerufen am 13.06.2014

[2] AMS, A.: *Unterlagen zur Mehrkörperdynamikvorlesung SS 13*. – Vorlesungsunterlagen der TU Freiberg

[3] ZELLER, H.R.: *Physik des Fahrradfahrens*. Internetauftritt. https://sites.google. com/site/bikephysics/Home. – Abgerufen am 30.01.2014

[4] BAYERISCHER RUNDFUNK: *Fahrradspuren im Schnee*. Online-Nachrichten. http://www.br.de/nachrichten/oberfranken/ diebstahl-marktredwitz-schnee-100.html. – Abgerufen am 20.02.2014

[5] KOOIJMAN, J. D. G. ; MEIJAARD, J. P. ; PAPADOPOULOS, J. M. ; RUINA, A. ; SCHWAB, A. L.: A bicycle can be self-stable without gyroscopic or caster effects. In: *Science Magazine* 332 (2011), S. 339–342

[6] WILSON, D.: *BLDC Animation*. Internetauftritt. http://e2e.ti.com/cfs-file. ashx/__key/telligent-evolution-components-attachments/ 13-854-00-00-00-66-44-65/InstaSPIN_2D00_BLDC-Animation.gif. – Abgerufen am 20.3.2014

[7] BROWN, W.: Brushless DC Motor Control Made Easy / Microchip Technology Inc. 2002. – Forschungsbericht

[8] BALDURSSON, S.: *BLDC Motor Modelling and Control - A Matlab/Simulink Implementation*, Chalmers Tekniska Högskola, Diplomarbeit, 2005

[9] GECKO-SIMULATIONS AG: *GeckoCIRCUITS*. Software, 2014

[10] OEHLER, A.: NuVinci und andere - Wirkungsgrad-Messungen an Nabenschaltungen - Teil 2. In: *Fahrradzukunft* (2014)

[11] JWM-ONLINE: *Abbildung Nabenmotor mit Planetengetriebe*. Internetauftritt. http: //jmw-online.com/radnabenmotor.html. – Abgerufen am 23.05.2014

[12] ANONYM: *Abbildung Explosionszeichnung Bafang-Motor.* Internetauftritt. http://fahrradund.typo3imtal.de/wp-content/uploads/bafang_ explosion_deutsch.jpg. – Abgerufen am 23.05.2014

[13] MAXON MOTOR GMBH: *Datenblatt EC45 (136209).* 2014

[14] HEINZMANN GMBH & CO. KG: *Datenblatt DirectPower PRA 180-25 Direktläufer.* 2013

[15] GREENROAD: *Produktbeschreibung LiMn Sony Akku 22,5Ah - 37V mit BMS - US18650V3.* http://www.greenroad.at/shop/ LiMn-Sony-Akku-225Ah-37V-mit-BMS-US18650V3-

[16] MAXWELL TECHNOLOGIES: *Datenblatt 16V SMALL CELL MODULE*

[17] URBAN-E: *Kosteneffizienz: Die Wirtschaftlichkeit eines iBullitt.* Internetauftritt. http: //www.urban-e.com/kosteneffizienz.html. – Abgerufen am 13.06.2014

[18] BUNDESMINISTERIUM DER JUSTIZ UND FÜR VERBRAUCHERSCHUTZ ; JURIS GMBH: *§1 Abs. 3 StVG.* Internetauftritt. http://www.gesetze-im-internet.de/stvg/ __1.html. – Abgerufen am 26.11.2013

[19] MEIJAARD, J. P. ; PAPADOPOULOS, J. M. ; RUINA, A. ; SCHWAB, A. L.: Linearized dynamics equations for the balance and steer of a bicycle: a benchmark and review. In: *Proceedings of the Royal Society* (2007)

[20] WHIPPLE, F. J. W.: The stability of the motion of a bicycle. In: *Quart. J. Pure Appl. Math.* (1899)

[21] CARVALLO, E.: *Theorie du mouvement du monocycle et de la bicyclette.* Gauthier-Villars, 1899

[22] NOETHER, F. ; KLEIN, F. (Hrsg.) ; SOMMERFELD, A. (Hrsg.): *Über die Theorie des Kreisels.* Teubner, 1910

[23] JONES, D. E. H.: The stability of the bicycle. In: *Physics Today* (1970), S. 26–47

[24] DANKERT, J. ; DANKERT, H.: *Technische Mechanik.* Vieweg + Teubner, 2011

[25] H. NEUPERT, GESCHÄFTSFÜHRER EXTRAENERGY.ORG: *Persönliches Interview, geführt vom Verfasser.* – Tanna, 26.04.2014

[26] LA STREGA CUSTOM BIKE: *Abbildung BionX Direktläufer.* Internetauftritt. http:// www.home.lastregabike.de/E-BIKE-PEDELEC/BIONIX-MOTOREN-AKKU. – Abgerufen am 10.06.2014

[27] TRAX.DE: *Abbildung Panasonic Getriebemotor.* Internetauftritt. http://www. trax.de/panasonic-neuer-e-bike-motor-ohne-hitzeprobleme/id_ 60733580/index. – Abgerufen am 10.06.2014

[28] BOLTE, E.: *Elektrische Maschinen.* Springer Verlag, 2012

[29] GOSSNER, S.: *Grundlagen der Elektronik.* Shaker Verlag, 2008

[30] ROHLOFF, B. ; GREB, P.: Efficiency Measurements of Bicycle Transmissions - a neverending Story? In: *Human Power* 55 (2003), S. 11 – 15

[31] SHIMANO INC.: *Datenblatt NEXUS SG-8C31.* http://bike.shimano.com/ publish/content/global_cycle/en/us/index/products/0/nexus/ product.-code-SG-8C31.html. Version: 2014

[32] LEUTHNER, Stephan ; KORTHAUER, Reiner (Hrsg.): *Handbuch Lithium-Ionen-Batterien.* Springer Verlag, 2013

[33] BMZ: *Datenblatt LiMn-Zelle BM18650Z3.* 2011

[34] 'CHRISTIAN' AUF WWW.PEDELECFORUM.DE: *EPACsim.* Software, 2014

[35] URBAN-E: *Datenblatt iBullit.* http://www.urban-e.com/wp-content/uploads/2012/10/iBullitt_Datenblatt.pdf

[36] KTM: *Gebrauchsanweisung des Antriebssystems BionX für Händler.* http://www.bikipedia.de/wp-content/uploads/downloads/ANTRIEBSSYSTEM_BIONX.pdf

[37] SCHULZE, E. E.: *3D-CAD Modell iBullit.* 2014

[38] NACHBAUER, W.: *Universität Innsbruck: Lehrunterlagen Biomechanische Anthropometrie WS 2003/04.* http://sport1.uibk.ac.at/lehre/nachbauer/Biomechanik/23Anthropometrie.pdf. Version: 2004

[39] GREENROAD: *Baugruppenzeichnung Bafang Motor.* http://www.greenroad.at/shop/mediafiles//PDF/verbaumasse_bafang_SWXH.pdf

[40] WILSON, D. G.: *Bicycling Science.* Massachusetts Institute of Technology, 2004

[41] GOOGLE INC. ; ERNST BASLER + PARTNER: *Automatische Höhenprofilberechnung.* Internetauftritt. http://geo.ebp.ch/gelaendeprofil/. – Abgerufen am 10.05.2014

Printed in the United States
By Bookmasters